Mondlandung

Ein langer Weg mit vielen Hürden

Es war der 26. Februar 1966, an dem erstmals eine Saturnrakete mit unbemanntem Apollo-Kommandomodul zu einem suborbitalen Testflug startete. Nach den Explorer-, Mercury- und bereits während der Gemini-Missionen begann die USA mit ihrem Apollo-Programm.

Im Juli 1966 folgte dann der erste orbitale Testflug ohne Apollo-Raumschiff, bei dem die Erdumlaufbahn erreicht wurde, und schon im August 1966 ein weiterer Flug mit dem Apollo-Kommandomodul.

Die hauptsächlich von Wissenschaftlern und Technikern unter der Leitung Wernher von Brauns im Rahmen des Apollo-Programms der NASA entwickelten Saturn-Raketen gehören zu den leistungsstärksten Trägersystemen der Raumfahrt, die jemals gebaut wurden. Die Anfänge der Forschungen zu den Raketensystemen reichen weit in die 50er Jahre des letzten Jahrhunderts zurück.

Der Weg war lang, bis der erste Mensch den Mond betreten konnte.

Einen herben Rückschlag erlitt das Apollo-Programm, als bei Bodentests die drei Astronauten Virgil Grissom, Edward H. White und Roger B. Chaffee in ihrer Kommandokapsel verbrannten. Umfangreiche Änderungen an Kommandokapsel und Sicherheitssystemen waren die Konsequenz aus dieser Katastrophe. Diese Bodentests des 27. Januars 1967 erhielten nachträglich die Bezeichnung Apollo 1.

Sechs Jahre nachdem John F. Kennedy den Wettlauf zum Mond eingeläutet hatte, war dies der Beginn des Weges zur ersten bemannten Mondlandung.

Dieses Buch zeugt von diesem eindrucksvollen Weg.

Raumfahrt - wie alles begann

^ Das „Blockhaus" während des Starts von Jupiter-C/Explorer 1 am 31. Januar 1958.

< Explorer XVII trägt am 1. Januar 1963 zwei Spektrometer, vier Vakuumdruckmesser und zwei elektrostatische Untersuchungen zum Erdorbit.

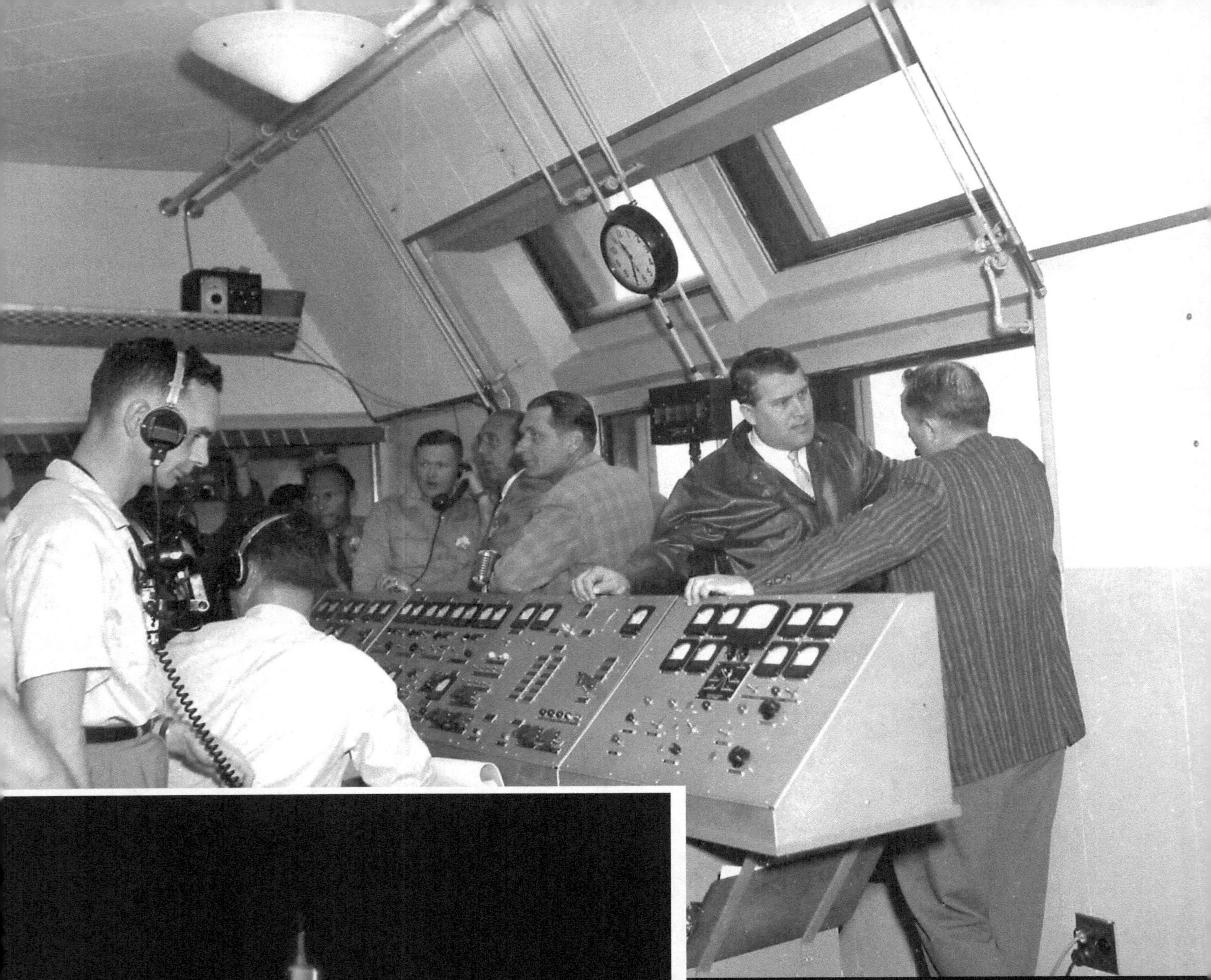

∧ Wernher von Braun im Blockhaus während des Starts von Jupiter C/Explorer III 1958.

< Marshall Space Flight Center (MSFC) am 31. Januar 1958 – der erste Explorer.

1960: Arbeiten an der Mercury-Kapsel

Ursachenforschung nach Explosion: Eine Minute nach dem Start explodierte die Mercury-Atlas-1-Kapsel. Ihre Überreste wurden 7 Meilen vor der Küste Floridas gefunden.

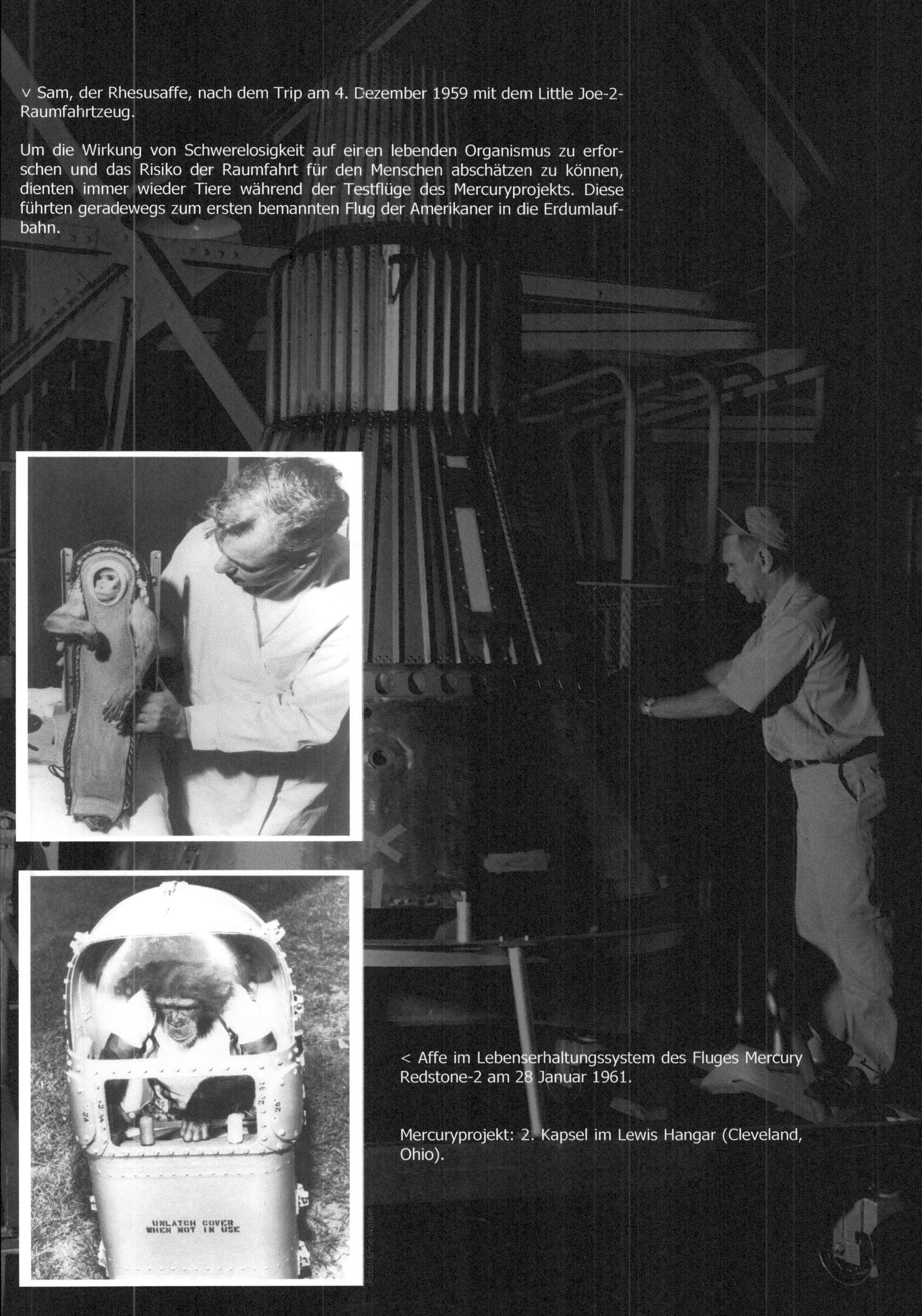

v Sam, der Rhesusaffe, nach dem Trip am 4. Dezember 1959 mit dem Little Joe-2-Raumfahrtzeug.

Um die Wirkung von Schwerelosigkeit auf einen lebenden Organismus zu erforschen und das Risiko der Raumfahrt für den Menschen abschätzen zu können, dienten immer wieder Tiere während der Testflüge des Mercuryprojekts. Diese führten geradewegs zum ersten bemannten Flug der Amerikaner in die Erdumlaufbahn.

Foto: Ernie Walker

< Affe im Lebenserhaltungssystem des Fluges Mercury Redstone-2 am 28 Januar 1961.

Mercuryprojekt: 2. Kapsel im Lewis Hangar (Cleveland, Ohio).

Die Astronauten John Young and Virgil I. (Gus) Grissom während des Wasserungstrainings auf der Ellington Air Force Base, Texas.

Start der Mercury-Atlas 6 Mission am 20. Februar 1962. >

Astronaut Glenn betritt die Kapsel für den ersten bemannten amerikanischen Flug in die Erdumlaufbahn am 20. Februar 1962. >

Astronaut Alan B. Shepard, Jr. auf dem Weg zur Mercury-Raumkapsel "Freedom 7" am 5. Mai 1961.

Gemini VI in der Umlaufbahn - 257 km über der Erde. Gleich das erste Rendezvousmanöver mit Gemini VII und VI im Dezember 1965 war erfolgreich. Hier wurden Langzeitwirkungen von Raumflügen auf Menschen erforscht und Rendezvousmanöver in der Erdumlaufbahn durchgeführt.

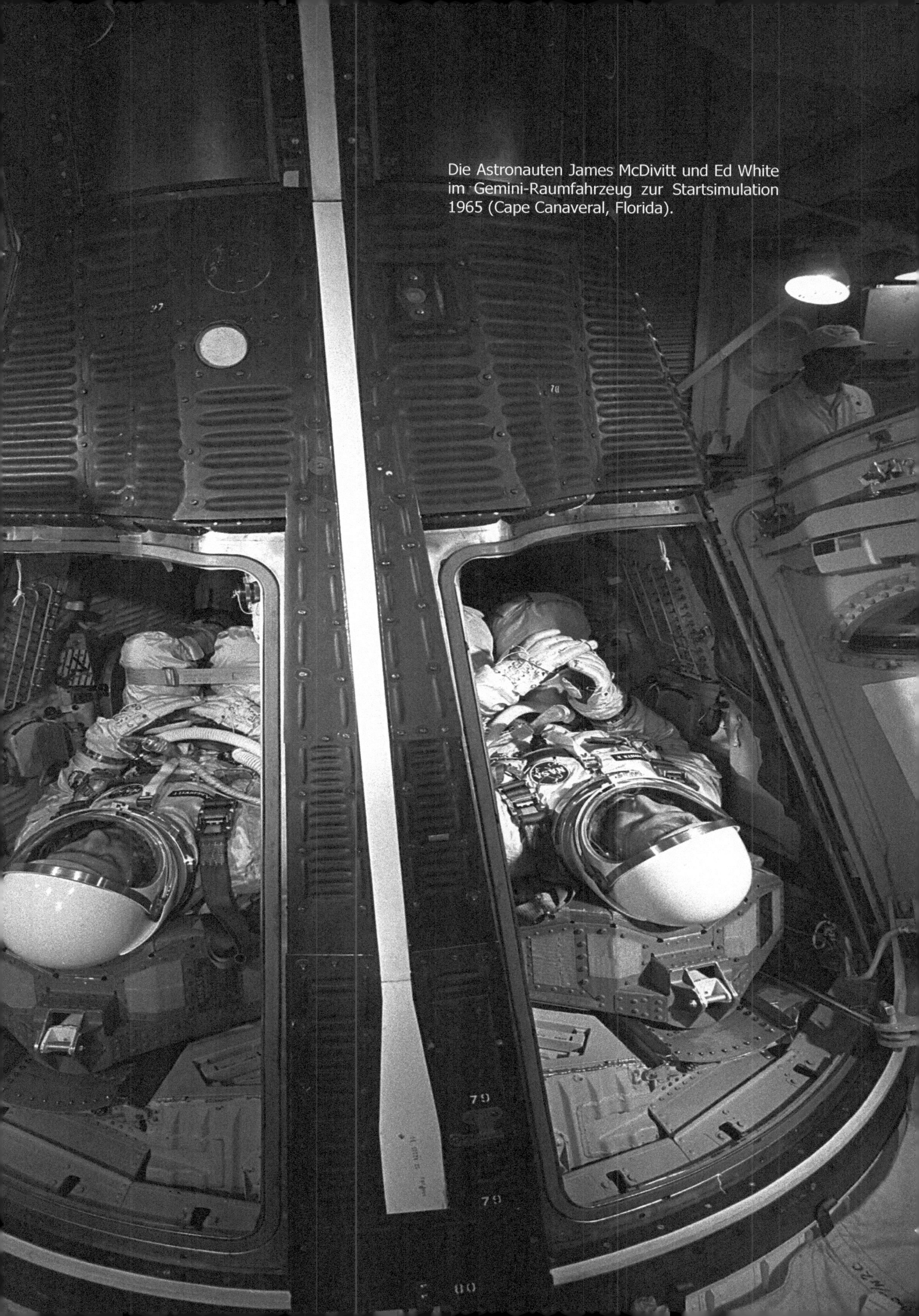

Die Astronauten James McDivitt und Ed White im Gemini-Raumfahrzeug zur Startsimulation 1965 (Cape Canaveral, Florida).

18. Juli 1966. Eine Langzeitbelichtungsfotographie des Starts von Gemini 10.

An Bord das Raumfahrzeug sind John W. Young und Michael Collins, die drei Tage in der Erdumlaufbahn verbringen werden.

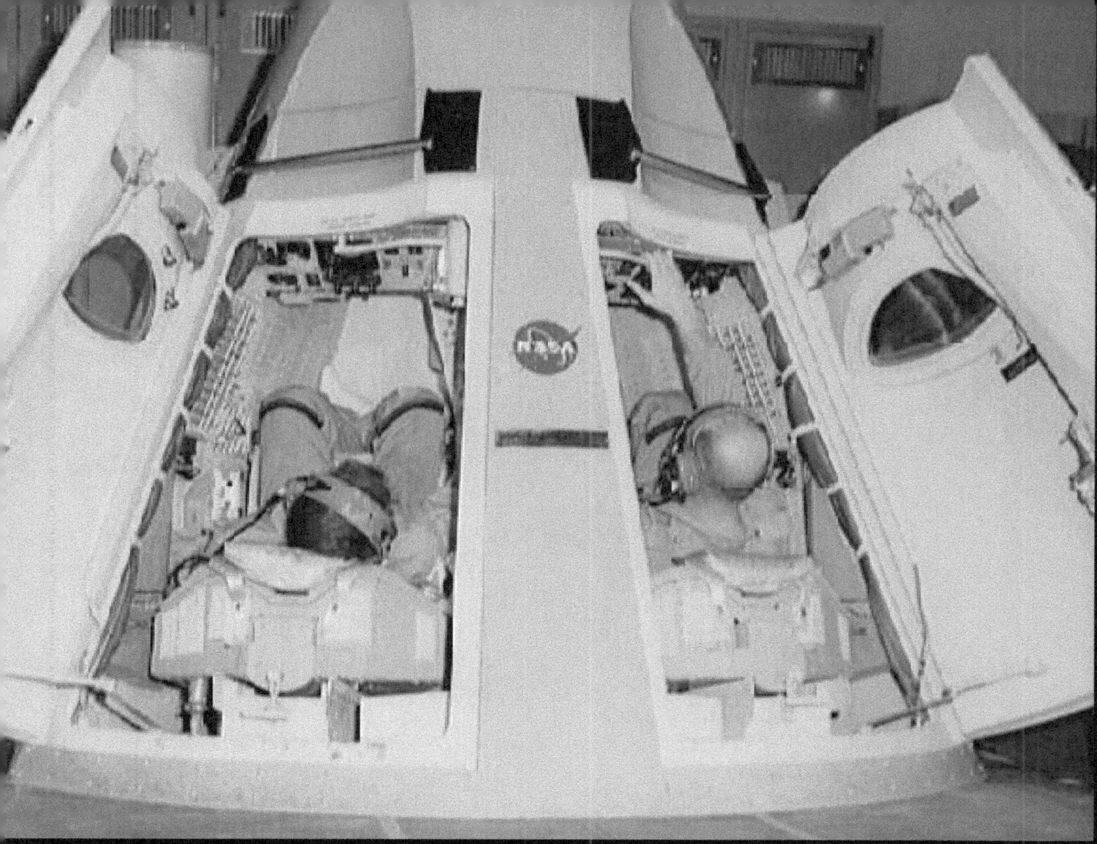

< Astronaut Thomas P. Stafford (r.) und Kommandant Walter M. Schirra Jr. im Cockpit des Gemini-Simulators zur Übung für die Gemini-6-Mission in Cape Kennedy.

v Astronauten Thomas P. Stafford und Eugene A. Cernan am 6. Juni 1966 in ihrer Gemini-Kapsel nach der Wasserung. Sie warten auf das Bergungsschiff, die U.S.S. Wasp.

3. Juni 1965: Edward H. White II war der erste Amerikaner, der einen Schritt aus dem Raumschiff tat. – Mit goldbeschichtetem Helmvisir zum Schutz vor intensiver Sonnenstrahlung, in seiner rechten Hand eine Selbstmanövriersteuerung und nur über eine Nabelschnur mit Sauerstoff versorgt legte er innerhalb von 23 Minuten 6500 Meilen zurück, während er um die Geminikapsel schwebte.

Foto: N[illegible]

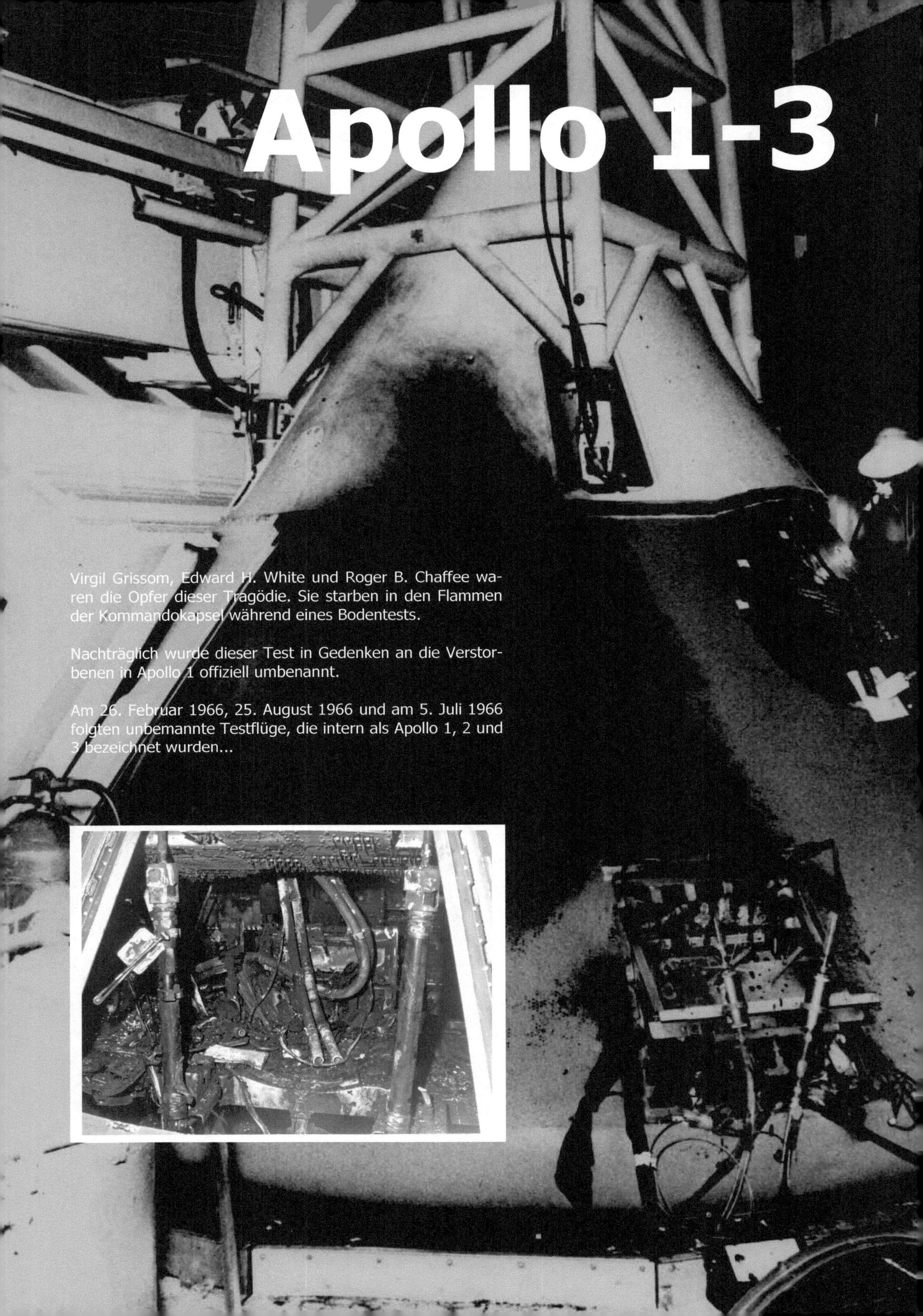

Apollo 1-3

Virgil Grissom, Edward H. White und Roger B. Chaffee waren die Opfer dieser Tragödie. Sie starben in den Flammen der Kommandokapsel während eines Bodentests.

Nachträglich wurde dieser Test in Gedenken an die Verstorbenen in Apollo 1 offiziell umbenannt.

Am 26. Februar 1966, 25. August 1966 und am 5. Juli 1966 folgten unbemannte Testflüge, die intern als Apollo 1, 2 und 3 bezeichnet wurden...

Apollo 4

USA
USA

USA

UNITED
STATES

UNITED STATES
USA

Am 9. November 1967 startete die Saturnrakete V zum unbemannten Testflug mit dem Apollo-Kommandomodul.

Bergung der unbemannten Kommandokapsel aus dem Pazifik.

Apollo 5

EXIT

USA

Apollo 6

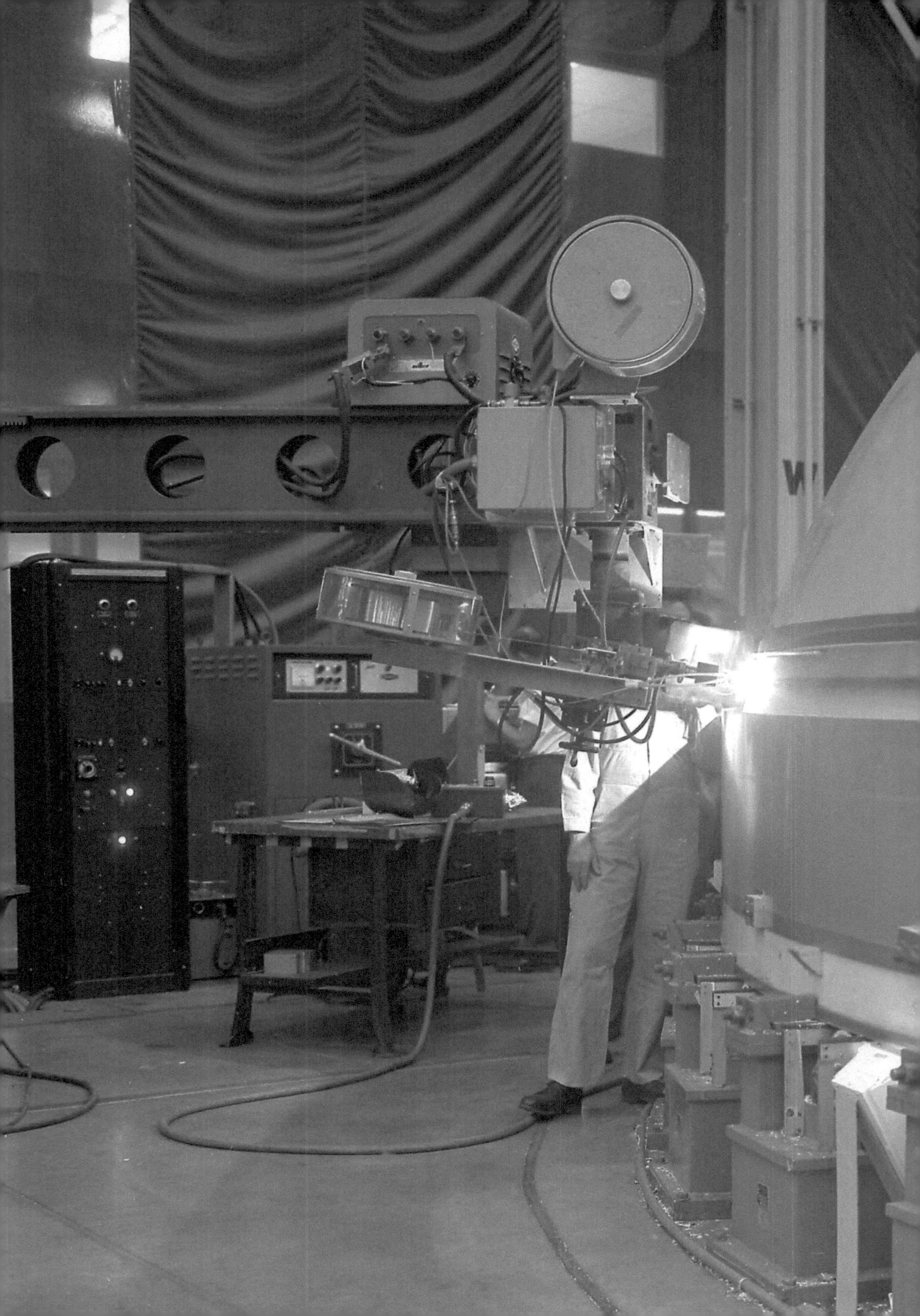

USA

Start der Saturn V am 4. April 1968 vom Kennedy Space Center in Florida. Die dreistufige Rakete führte das Apollo-Raumschiff und eine Mondlandefähre mit sich.

Es war der letzte unbemannte Testflug einer Saturn-Rakete im Rahmen des Apollo-Programms.

Am Abend des selben Tages wasserte die Kommandokapsel im Pazifik, in etwa 80 km Entfernung vom Bergungsschiff, der USS Okinawa.

Im Rahmen eines Besuches in Husten spricht Dr. Robert R. Gilruth, Direktor des Manned Spacecraft Center der NASA, mit dem nominierten Vizepräsidenten Spiro T. Agnew über die unbemannte Apollo 6 Mission.

Apollo 7

Beginn des 10-tägigen Aufenthalts in der Erdumlaufbahn am 11. Oktober 1968 auf Cape Canaveral.

Donn Eisele, Walter Schirra und Walter Cunningham bilden die Mannschaft von Apollo 7, dem ersten bemannten Flug der Amerikaner.

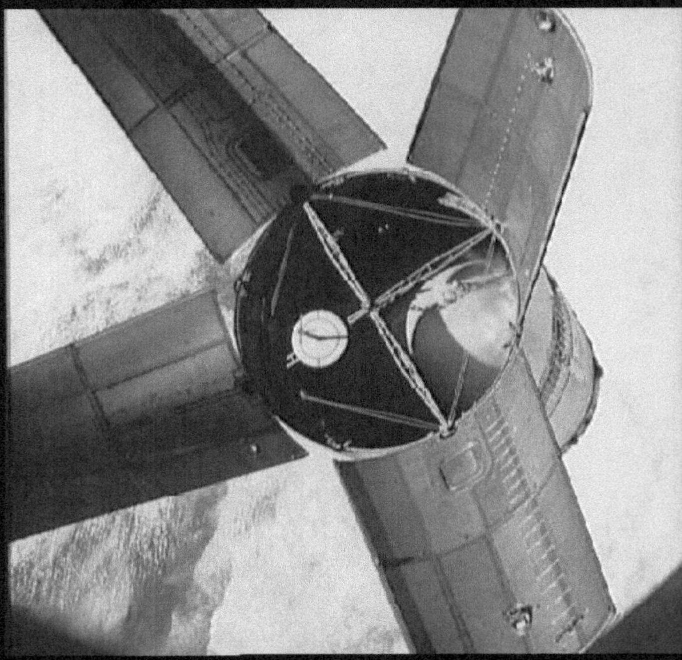

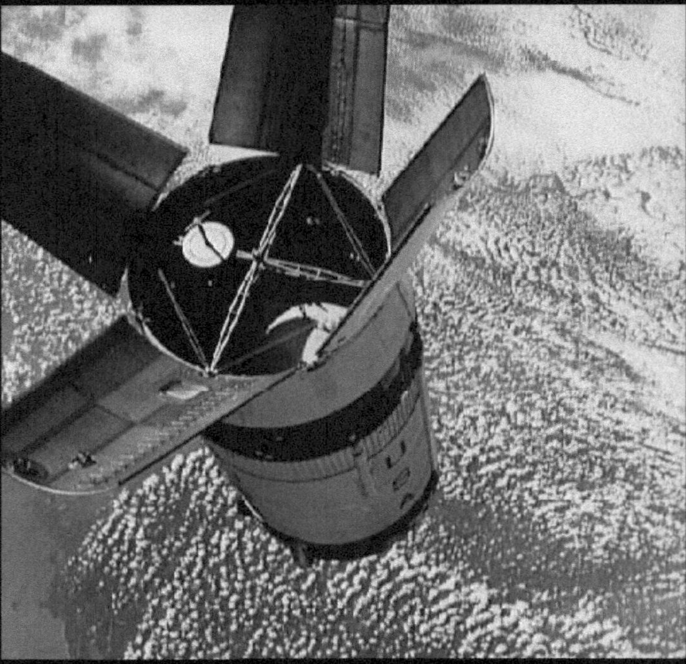

Nächste Seite: Rendezvous mit der entkoppelten zweiten Saturn S-4B-Raketenstufe nach Richtungswechsel.

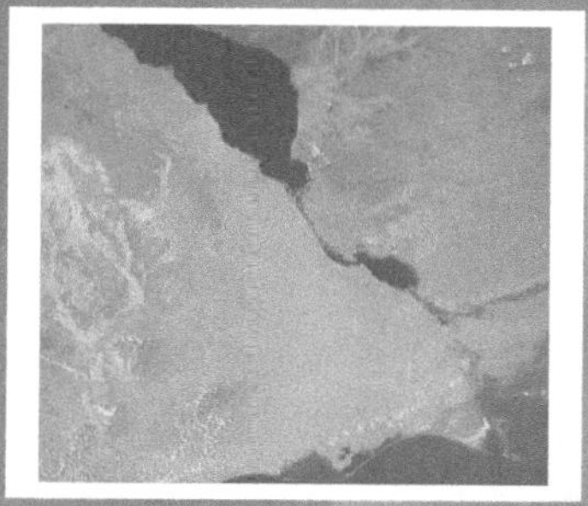

Aufnahmen von Apollo 7

^
Hurrikan Gladys im Golf von Mexiko

<
v. o. n. u.:
Golf von Mexiko und Yucatán
Sueskanal, Golf von Sues, Sinai-Halbinsel und Ägypten
Husten/Texas
Hawaii
Japan
Persischer Golf

Hintergrund: Saturn IVB-Stufe bei der Simulation eines Andockmanövers über Sonora, Mexiko.

Wasserung in der Karibik

Fallschirme und Bremsraketen bremsen und Luftsäcke richten die Apollo-Landekapsel auf.

Die Astronauten verlassen die Kommandokapsel und wurden mit einem Hubschrauber an Bord der USS-Essex gebracht.

v Blick des Kommandanten vorne aus dem Rendezvousfenster.

Apollo 8

Apollo 8 war der zweite bemannte Raumflug und der erste bemannte Flug zum Mond. Die drei Astronauten Frank Borman, William Anders und James Lovell waren die ersten Menschen, die die Rückseite des Mondes unmittelbar gesehen hatten. Apollo 8 startete am 21. Dezember 1968 vom Kennedy Space Center in Florida. Drei Tage später, am 24. Dezember 1968, war die Mondumlaufbahn erreicht.

Launch Control Center am Kennedy Space Center während der Apollo 8 Mission. Apollo 8 war der erste bemannte Flug zur Mondumlaufbahn.

AA4
3:43:37
023

∧ Die Besatzung von Apollo 8, Kommandant Frank Borman, gefolgt von den Astronauten James A. Lovell Jr. und William A. Anders, betreten den Transferbus wenige Stunden vor dem Start.

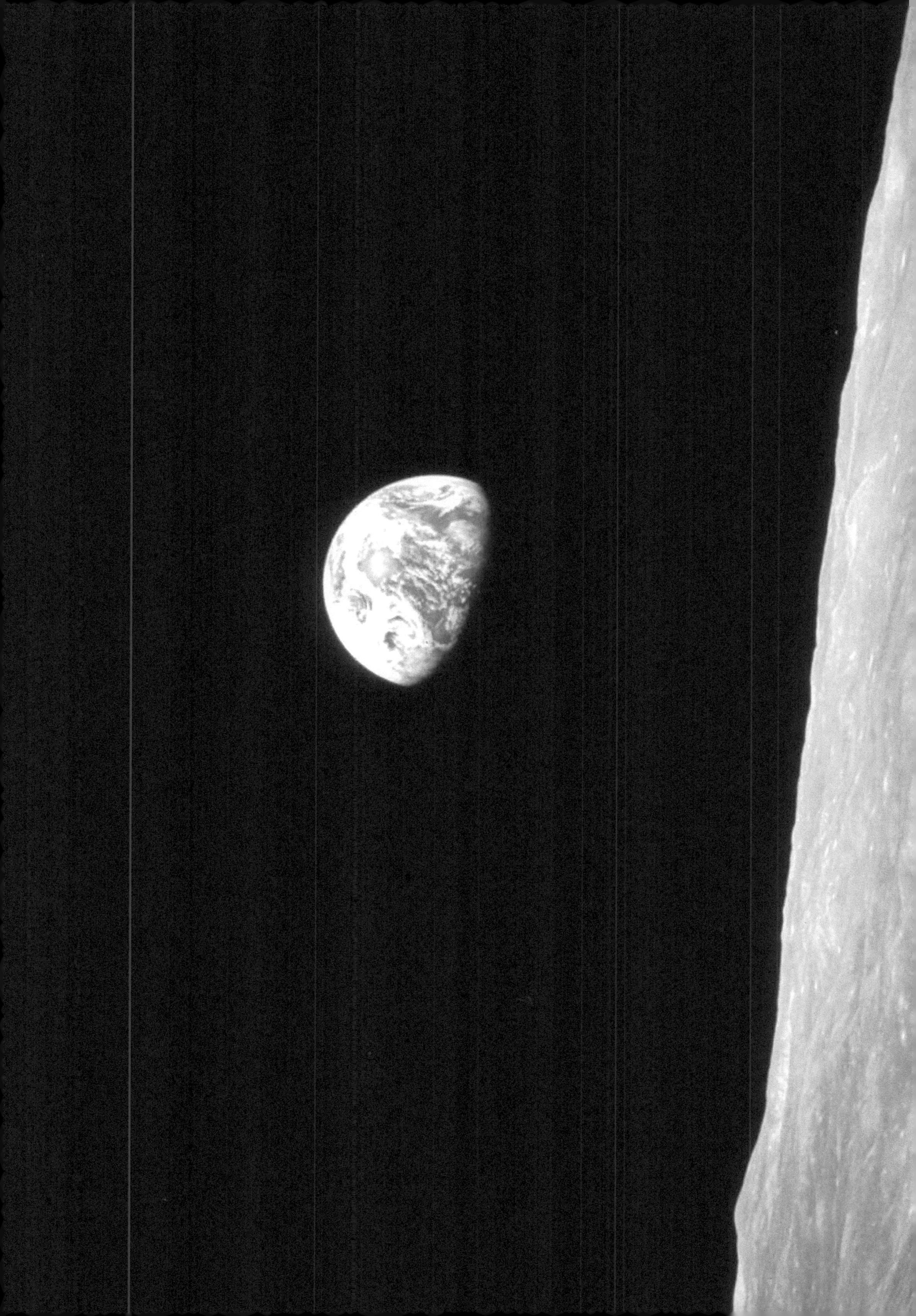

Nach zehn Umkreisungen des Mondes kehrten die Astronauten am 27. Dezember zur Erde zurück und wasserten mit ihrer Kapsel am im Pazifischen Ozean.

66
2711

NU
NAVY
HS-4

Apollo 9

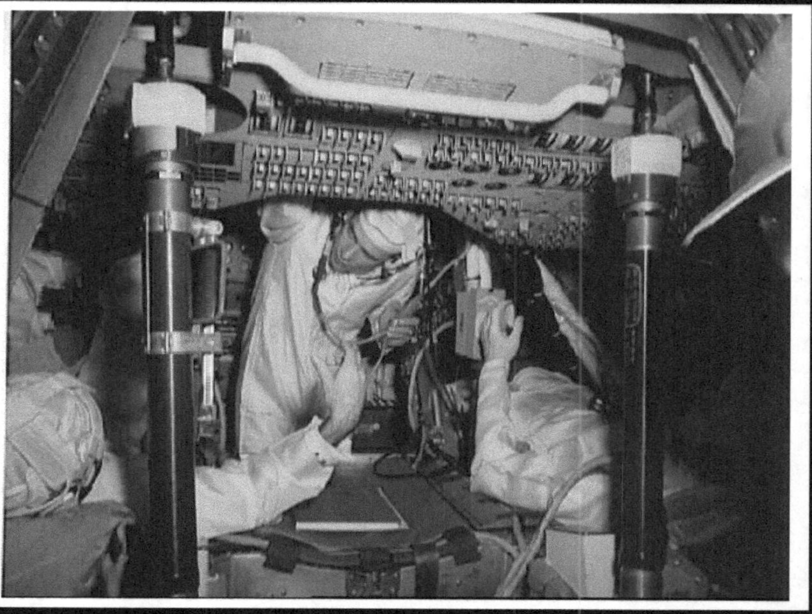

Vom Kennedy Space Center in Florida starteten James McDivitt, David Scott und Russell Schweickart am 3. März 1969 um 16:00 UTC mit der Saturn V – Rakete.

Am 5. Tag der Apollo 9 Mission entstand dieses Foto vom Mondmodul "Spider" in der Erdumlaufbahn. David Scott fotografierte es vom Kommando- und Servicemodul aus.

Die Apollo 9-Mission stand ganz im Zeichen der Vorbereitung der Mondlandung von Apollo 11. Die Mondlandefähre wurde unter realen Bedingungen in der Erdumlaufbahn erprobt, und die Astronauten führten Rendezvous- und Andockmanöver durch.

Das Bild zeigt den Modulpiloten David R. Scott fotografiert von Astronaut Russell L. Schweickart. Kommando-/Servicemodule "Gumdrop" und Mondmodul "Spider" sind zusammengedockt.

Mondmodul und Saturn V Raketenstufe IV-B in der Erdumlaufbahn kurz vor dem Andocken an das Kommando-/Servicemodul.

Apollo 10

Mitglieder von Apollo 10 während der Simulationsübungen am Kennedy Space Center in Vorbereitung zur Mission im Mondorbit.

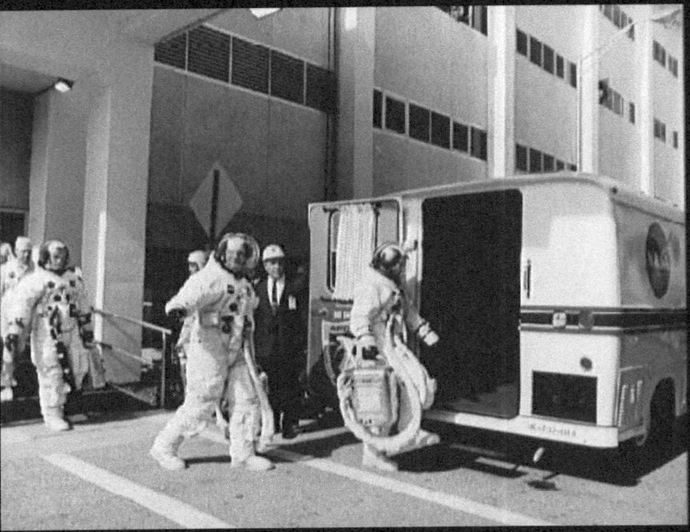

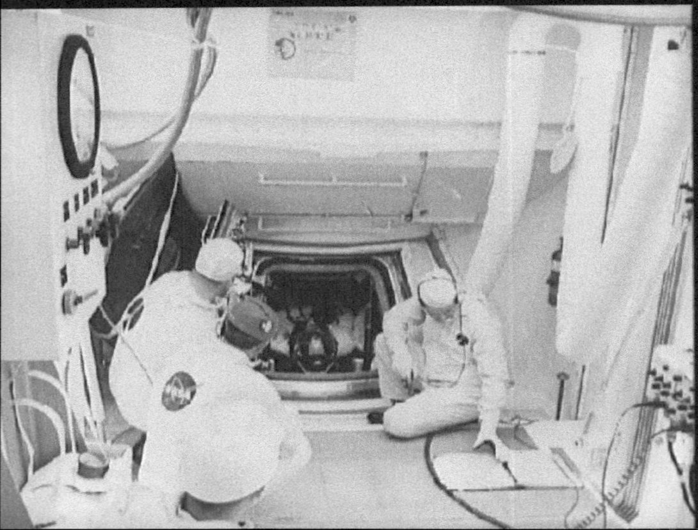

Eugene A. Cernan, Thomas P. Stafford, John W. Young, die Mannschaft von Apollo 10, vor dem Start.

Am 11. März 1969, schon während des Fluges von Apollo 9, wurde Saturn V zur neuen Startrampe 39B gerollt.

Die Saturn-V-Rakete startete am 18. Mai 1969 vom Kennedy Space Center in Florida.

Nach Ansteuern der Erdumlaufbahn und zwei Erdumkreisungen wurde die dritte Stufe der Saturn-Rakete für den Weg zum Mond gezündet.

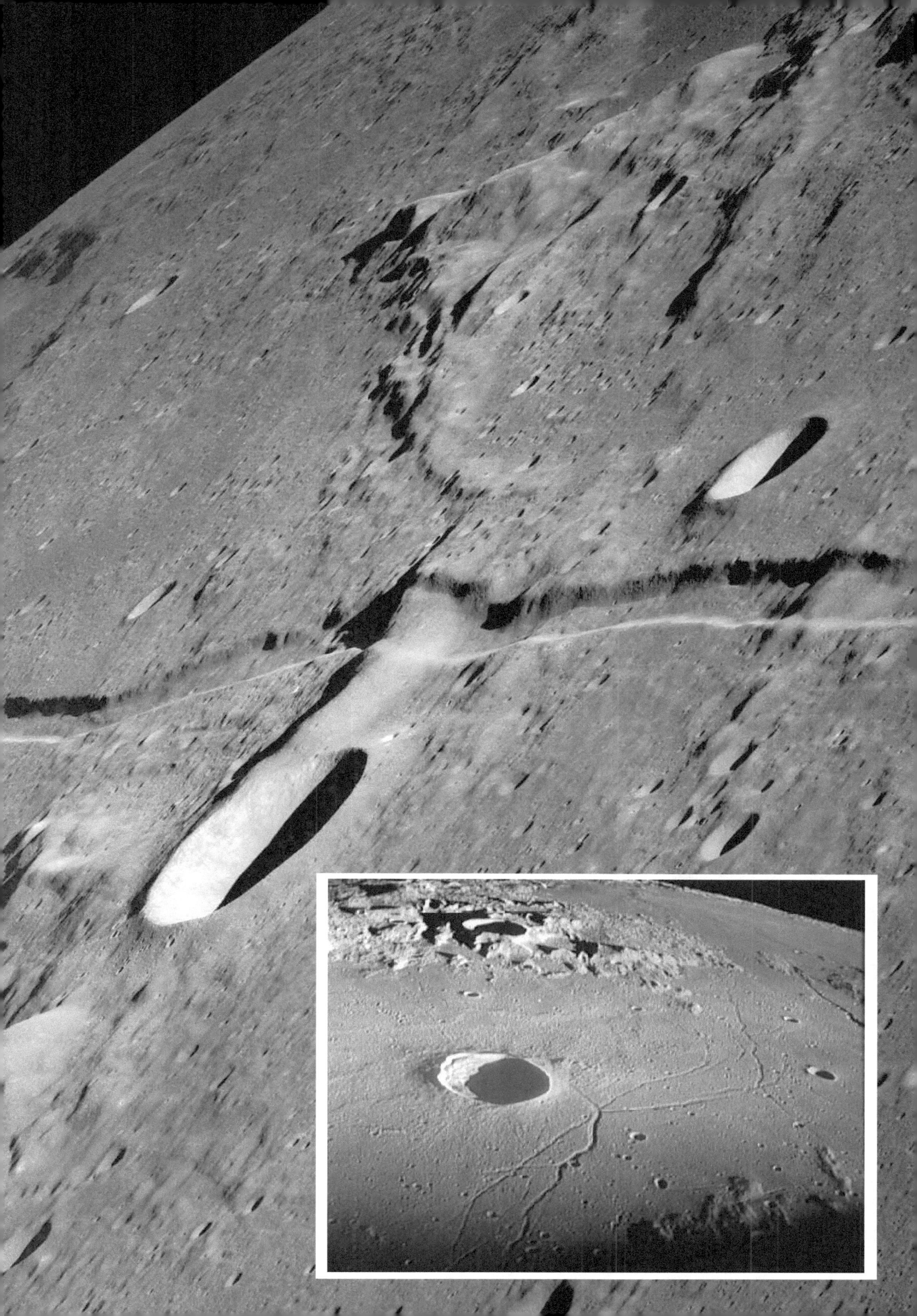

Nach Erreichen der Mondumlaufbahn folgten die Manöver in Vorbereitung auf die Mondlandung der Apollo 11. In 100 km über der Mondoberfläche wurde das Raumschiff von der Mondlandefähre getrennt. Die Mondlandefähre näherte sich dann dem Mond bis auf etwa 14 km.

Der Rückweg war nicht ganz ohne Hindernisse: Nach dem Absprengen der Abstiegsstufe konnte der Wiederaufstieg eingeleitet werden, jedoch versagte die Computersteuerung des Lageregelungssystems. Um ein Trudeln des Moduls zu Verhindern hatte Stafford die Computersteuerung abgeschaltet und die Lage über die manuelle Steuerung stabilisiert.

Apollo 11

UNITED STATES
USA

Neil A. Armstrong, Michael Collins, und Edwin E. „Buzz" Aldrin Jr. starteten am 16. Juli 1969 mit einer Saturn-V-Rakete vom Kennedy Space Center in Florida und erreichten am 19. Juli die Mondumlaufbahn.

Die Apollo 11 -Mission wurde weltweit von rund 500 Millionen Menschen im Fernsehen und von vielen Beobachtern vor Ort verfolgt.

Auch Vizepresident Spiro Agnew und der ehemalige Präsident Lyndon B. Johnson hatten den Start von Apollo 11 vom Kennedy Space Center am 16. Juli 1969 beobachtet.

Lunar Module "Eagle" mit dem Astronauten Neil A. Armstrong und Piloten Edwin E. "Buzz" Aldrin Jr. kurz vor der Landung. Das Foto stammt von Michael Collins, der mit dem Kommando-/Servicemodul den Mond weiter umkreiste.

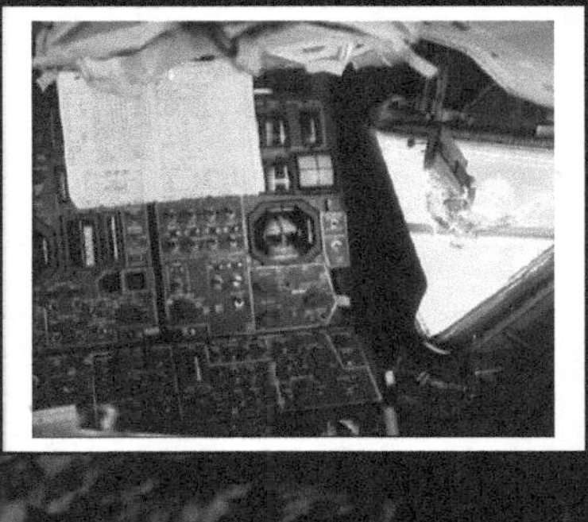

Ein Tag nach dem Start stiegen Aldrin und Amstrong in die Mondlandefähre Eagle. Im Mutterschiff blieb Collins zurück und leiteten vom Mondorbit aus die Abstiegssequenz ein.

Am 20. Juli 1969 um 20:17:58 Uhr UTC vermeldete Armstrong: "Houston, hier ist der Stützpunkt 'Meer der Ruhe'. Der Adler ist gelandet!".

Am 21. Juli 1969 um 02:56:20 UTC betrat Neil Armstrong als erster Mann den Mond gefolgt von Aldrin und sprach die Worte, die um die Welt gingen: „Das ist ein kleiner Schritt für einen Menschen, aber ein großer Sprung für die Menschheit!".

by Neil A. Armstrong

Early Apollo Scientific Experiments Package (EASEP) auf der Monoberfläche.

In der linken Hand befindet sich das sog. Passive Seismic Experiments Package und in der rechten Hand der Laser Ranging Retro-Reflector.

Foto: Astronaut Neil A. Armstrong

by Neil A. Armstrong

Die Astronauten bauten einige Forschungsgeräte des EASEP (Early Apollo Scientific Experiment Package) auf dem Mond auf. Zu den Systemen zählten auch ein Seismometer (PSE) und ein Laserreflektor (LRRR). Letzterer erlaubte es, die präzise Entfernung zwischen Mond und Erde zu messen. Weiterhin wurden Bodenproben entnommen und Gestein gesammelt. Der erste Spaziergang auf dem Mond endete nach über zwei Stunden.

By Neil A. Armstrong

BOEING

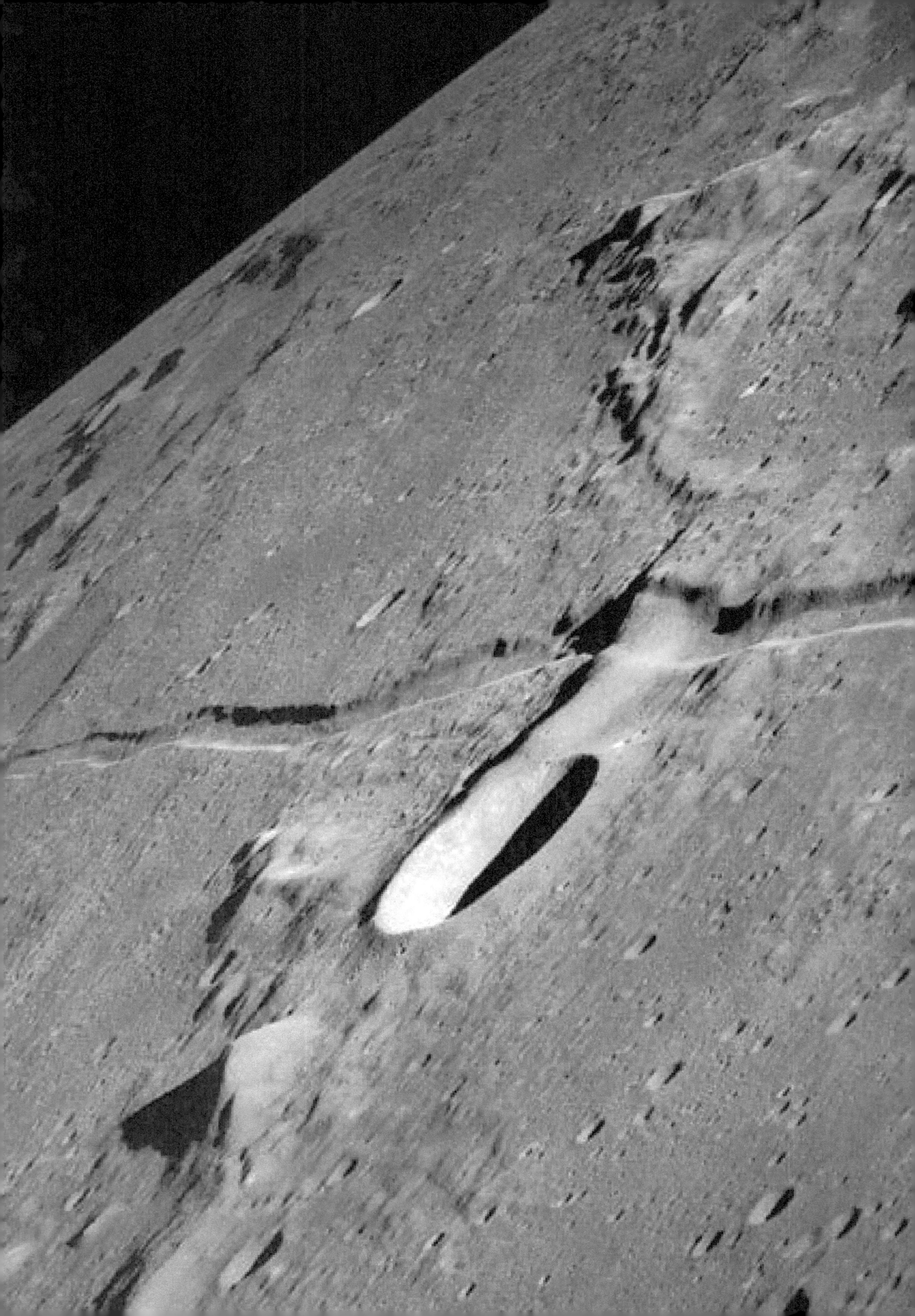

> Präsident Richard M. Nixon begrüßt die Heimkehrer im Zentralpazifik an Bord des Bergungsschiffs U.S.S. Hornet am Ende der Apollo 11 Mondmission.

Aus Furcht vor unbekannten und aggressiven Mikroorganismen müssen die Astronauten Isolationsanzüge und Masken tragen. Anschließend waren sie 17 Tage in Quarantäne.

Chicago, New-York, die ganze Welt lag den Helden des Apolloflugs zu Füßen. Es war das Medienereignis des Jahres 1969.

Apollo 12

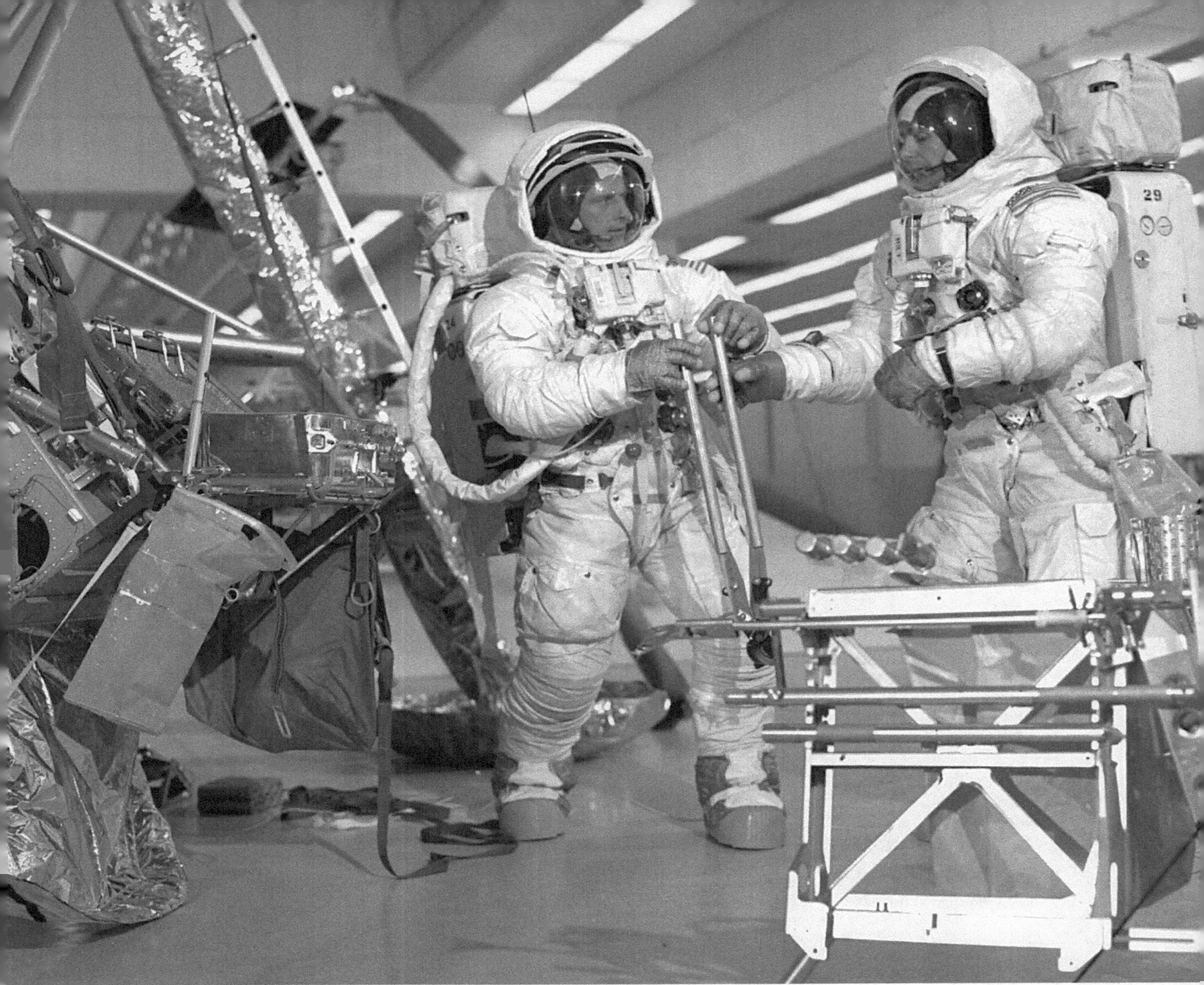

Charles Conrad, Richard Gordon, Alan Bean in Vorbereitung auf die Apollo 12 Mission.

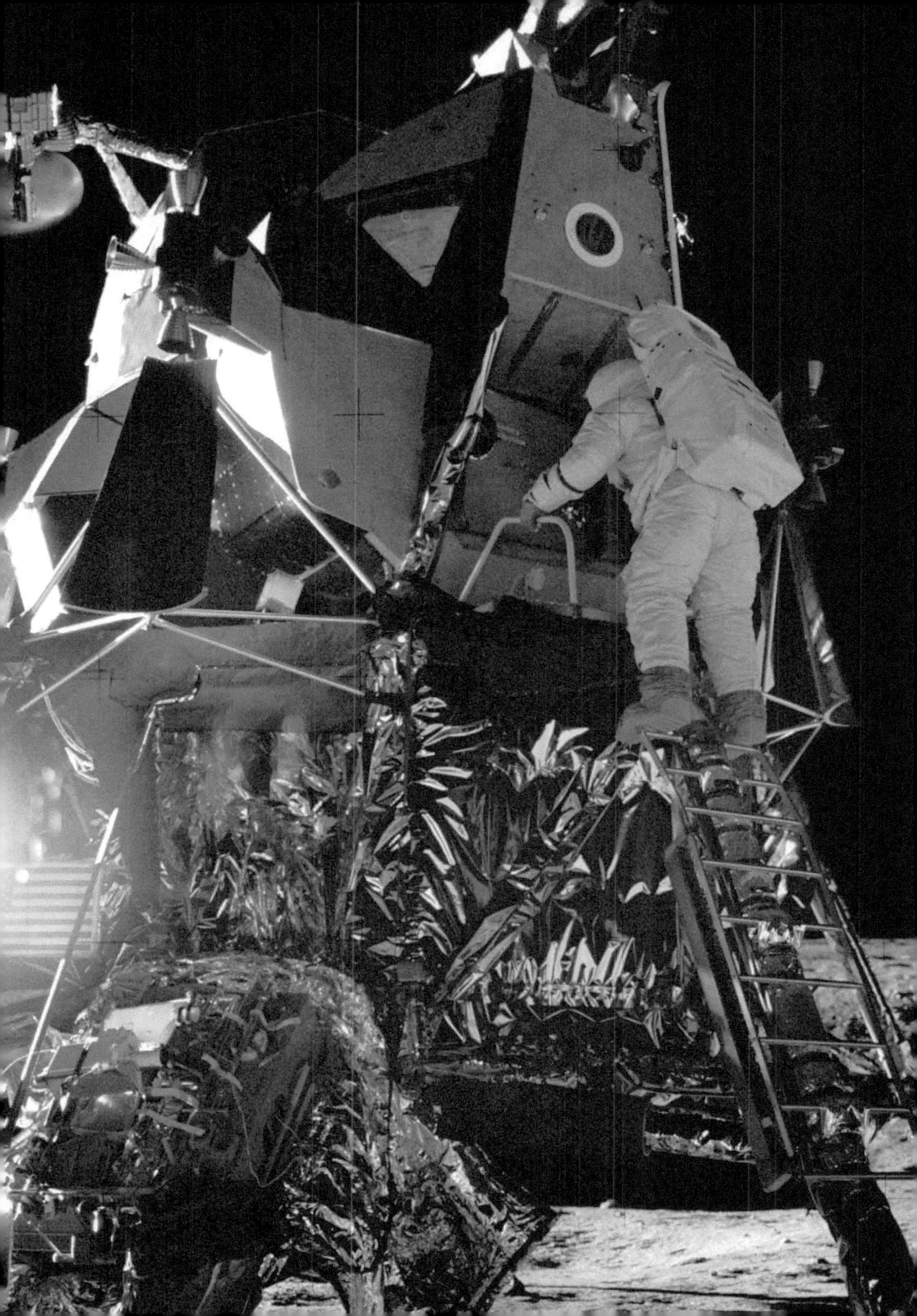

By Charles Conrad, Jr.

Alan Bean and Charles Conrad

Blick auf die Erde, die sich zwischen Sonne und Apollo 12 schiebt.

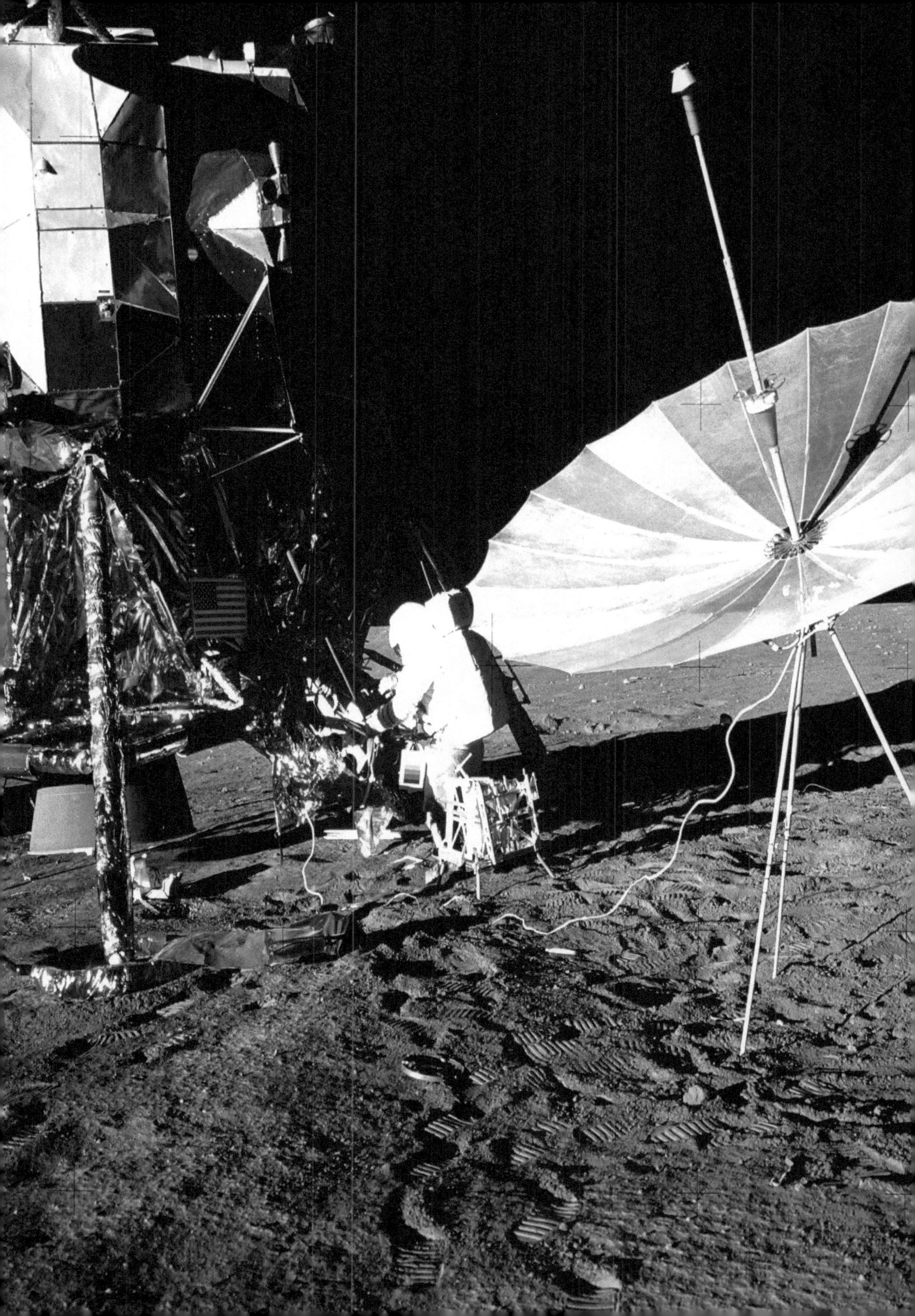

7 km von der USS New Orleans, dem Bergungsschiff, entfernt wasserte Apollo 14 am 9. Februar 1971 im Pazifik. Mit nur 1,1 km Abweichung war es die genaueste Landung aller Apollo-Missionen. Ein Helikopter des Bergungsschiffs U.S.S. Hornet, der an der Bergungsaktion teilnahm, schwebt über dem Ort der Wasserung.

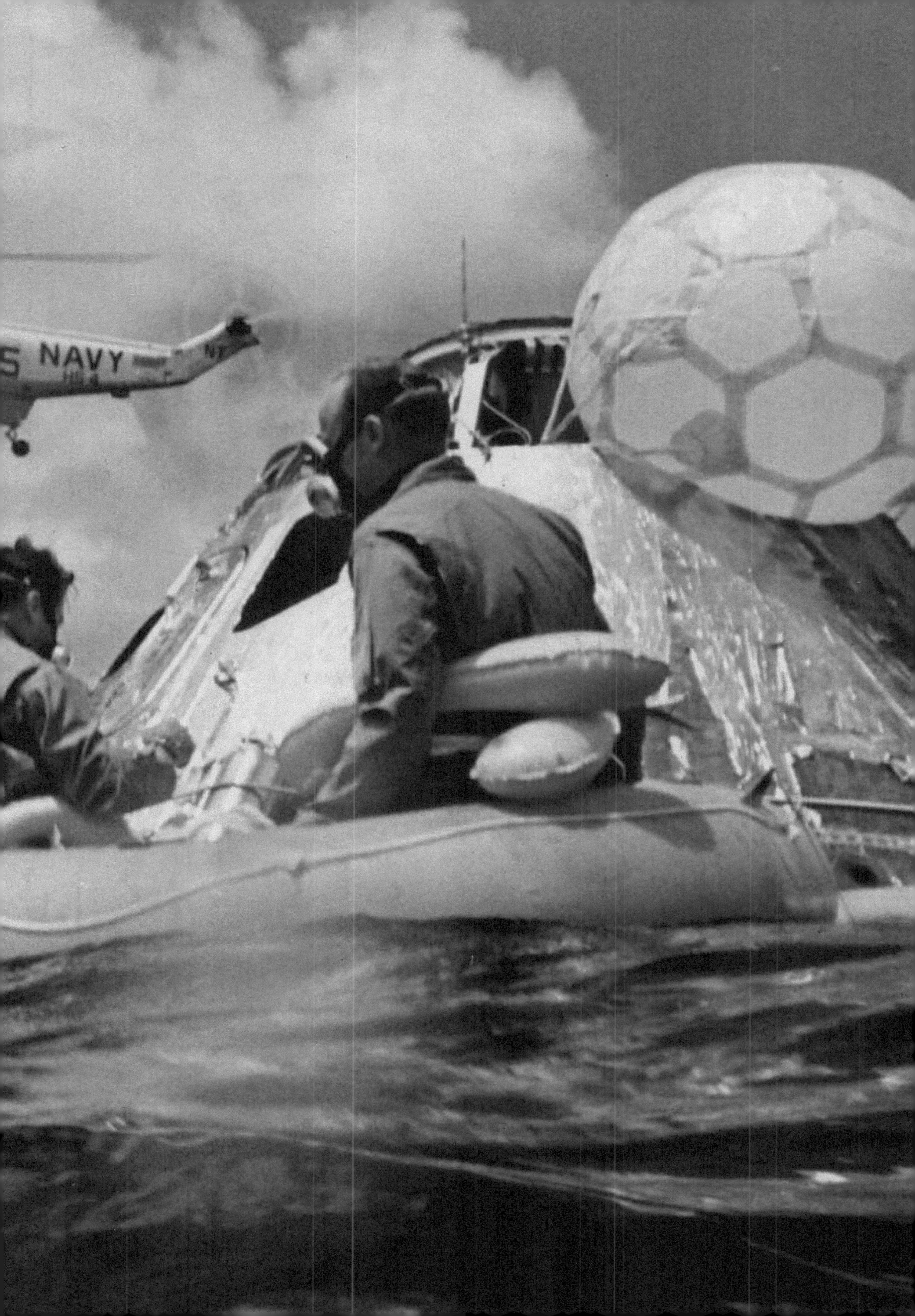
NAVY

Apollo 13

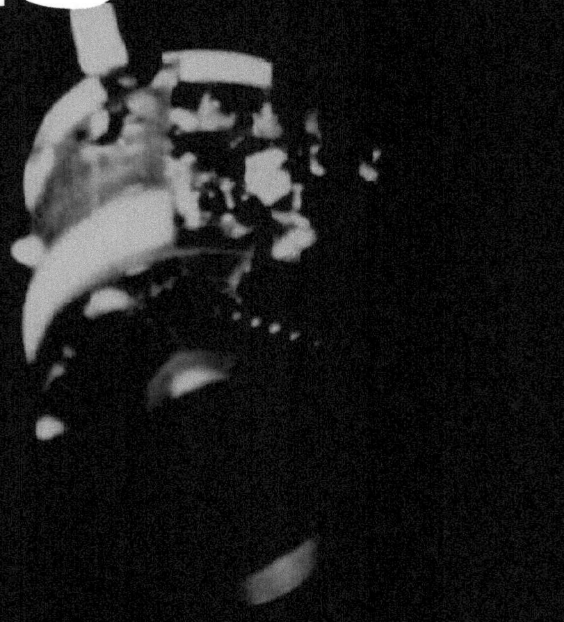

„Houston wir haben ein Problem"

James Lovell, John Swigert, Fred Haise waren die Astronauten von Apollo 13. Eine bemannte Mondlandung war geplant. Doch es kam alles anders: "Houston wir haben ein Problem". Das Problem, eine Explosion, ein defekter Thermostat und eine Kette von Versäumnissen und Fehleinschätzungen:

Mehr als 2 Tage und über 300 000 km von der Erde entfernt explodierte einer der Sauerstofftanks und riss ein Leck in benachbarte Tanks. Es war eine Frage der Zeit, wann die Brennstoffzellen, die Sauerstoff zur Strom- und Wassererzeugung aus genau diesen Tanks benötigen, ihren Dienst einstellen würden.

Ein Überleben im Kommando- und Servicemodul war undenkbar geworden. Alle Lebenserhaltenden Systeme hingen von der Sauerstoffversorgung ab. Die Mondlandefähre „Aquarius" schien die einzige Rettung. Sie sollte als „Rettungsboot" dienen.

Das Lebenserhaltungssystem der Mondlandefähre war jedoch nicht dafür ausgelegt, drei Astronauten mehrere Tage zu versorgen. Es gab zu wenig Wasser. Der elektrischen Strom musste aus Batterien bezogen werden. Für Umbau und Anpassung des CO2-Filters des Luftreinigungssystems aus dem Kommandomodul an die Gegebenheiten der Mondlandefähre mussten an Bord befindliche Tüten, Klebeband und Flugplänen herhalten. Das Bodenzentrum in Houston arbeitete fieberhaft an Lösungen.

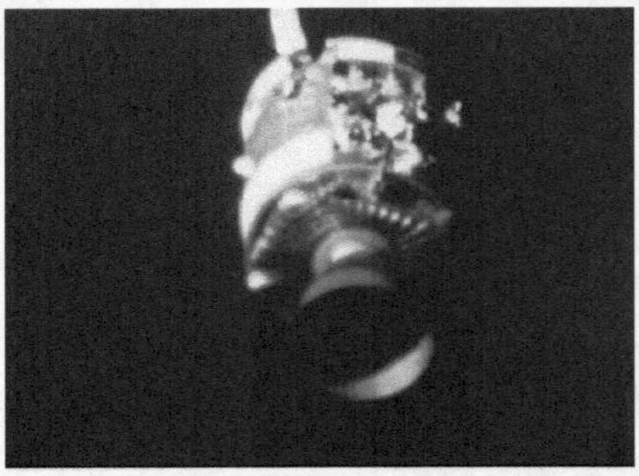

Swigert soll sinngemäß hierzu gesagt haben: „Na toll, jetzt vertrau ich einer Spucktüte mein Leben an!"

Am Ende dauerte die Funkstille beim Wiedereintritt der Landekapsel länger als die üblichen drei Minuten. Man befürchtete, Besatzung und Landekapsel seien verloren...

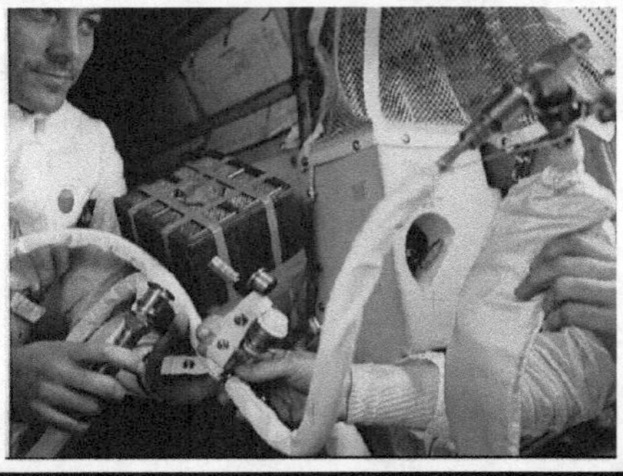

...Trotz teils dramatischer Vorfälle kehrten alle drei Besatzungsmitglieder lebend zur Erde zurück.

Am 17. April 1970 wasserte Apollo 13 im Pazifik. Die Mannschaft wurde von der USS Iwo Jima (LPH-2) aufgenommen.

Apollo 14

Stuart Roosa, Alan Shepard und Edgar Mitchell mit Apollo 14 auf dem Weg zum Mond. Start am 31. Januar 1971 vom Kennedy Space Center am Cape Canaveral in Florida.

N
20 km

Das Ziel von Apollo 14 war ein Besuch das Fra-Mauro-Hochland, der eigentlich schon für die Apollo 13 Mission geplant war.

Für das wissenschaftliche Programm kamen neben dem erweiterten ALSEP (Apollo Lunar Surface Experiments Package, (oben links) eine ganze Reihe weiterer, kleinerer Messinstrumente zum Einsatz. Darunter eine Ausrüstung für seismische Experimente (2. linkes Bild), ein sogenannter Radioisotopengenerator, ein „Suprathermal Ion Detector“ für das Aufspüren von Gasen, ein „Cold Cathode Gage“, ein „Charged Particle Lunar Environment“ Experiment, ein Laserreflektor zur Bestimmung des Abstands zwischen Erde und Mond (Satellite Laser Ranging), ein tragbarer Mondmagnetometer und Instrumente zur Untersuchung der Mondgeologie.

NASA / Edgar Mitchell

Apollo 15

David Scott, Alfred Worden und James Irwin starteten mit der Saturn V am 26. Juli 1971 um 13:34 UTC vom Kennedy Space Center in Florida aus und erreichten nach 12 Minuten die Erdumlaufbahn.

Nach zwei Erdumkreisungen wurde die dritte Stufe gezündet und brachte die Astronauten auf den Weg zum Mond.

UNITED STATES
USA
USA

NASA David R. Scott

Bei der Apollo 15 Mission wurde ein Mondauto vor Ort montiert. Allerdings war die Vorderlenkung defekt und das Fahrzeug ließ sich nur über die Hinterlenkung steuern.

Diese Fahrt führte zur Krümmung der Hadley-Rille, dem so genannten Ellbogen, eine etwa 1 km breite und bis zu 300 Meter tiefe Schlucht vulkanischen Ursprungs. Hier wurden die Messgeräte des Apollo Lunar Surface Experiments Package aufgestellt und Bodenproben aus über 2 Metern Tiefe entnommen.

Die Mondfähre verließ die Oberfläche am 2. August um 17:11:23 UTC.

Vor Verlassen des Orbits wurde ein kleiner Satellit in die Mondumlaufbahn ausgesetzt. Er hatte die Aufgabe, Daten von Gravitations- und Magnetfeldern zu übermitteln.

Alfred Worden verließ die Kommandokapsel Endeavour während des Fluges dann nur noch für 38 Minuten, um Filmmaterial aus den Kameras am Servicemodul zu bergen.

Einer der drei Landefallschirme öffnete sich nicht. Dennoch wasserte Apollo 15 am 7. August 1971 um 20:45 UTC sicher im Pazifik und wurde von der USS Okinawa geborgen.

Die Mannschaft brachte bei dieser Mission 76,8 kg Mondgestein mit auf die Erde.

Apollo 16

Start der Apollo 16 Mission mit den Atronauten Ken Mattingly, John Young und Charles Duke am 16. April 1972 vom Kennedy Space Center in Florida...

...Drei Tage später fiel das Navigationssystem aus. Die Positionsbestimmung erfolgte klassisch mit einem Sextanten.

NASA Charles M. Duke
NASA Charles M. Duke

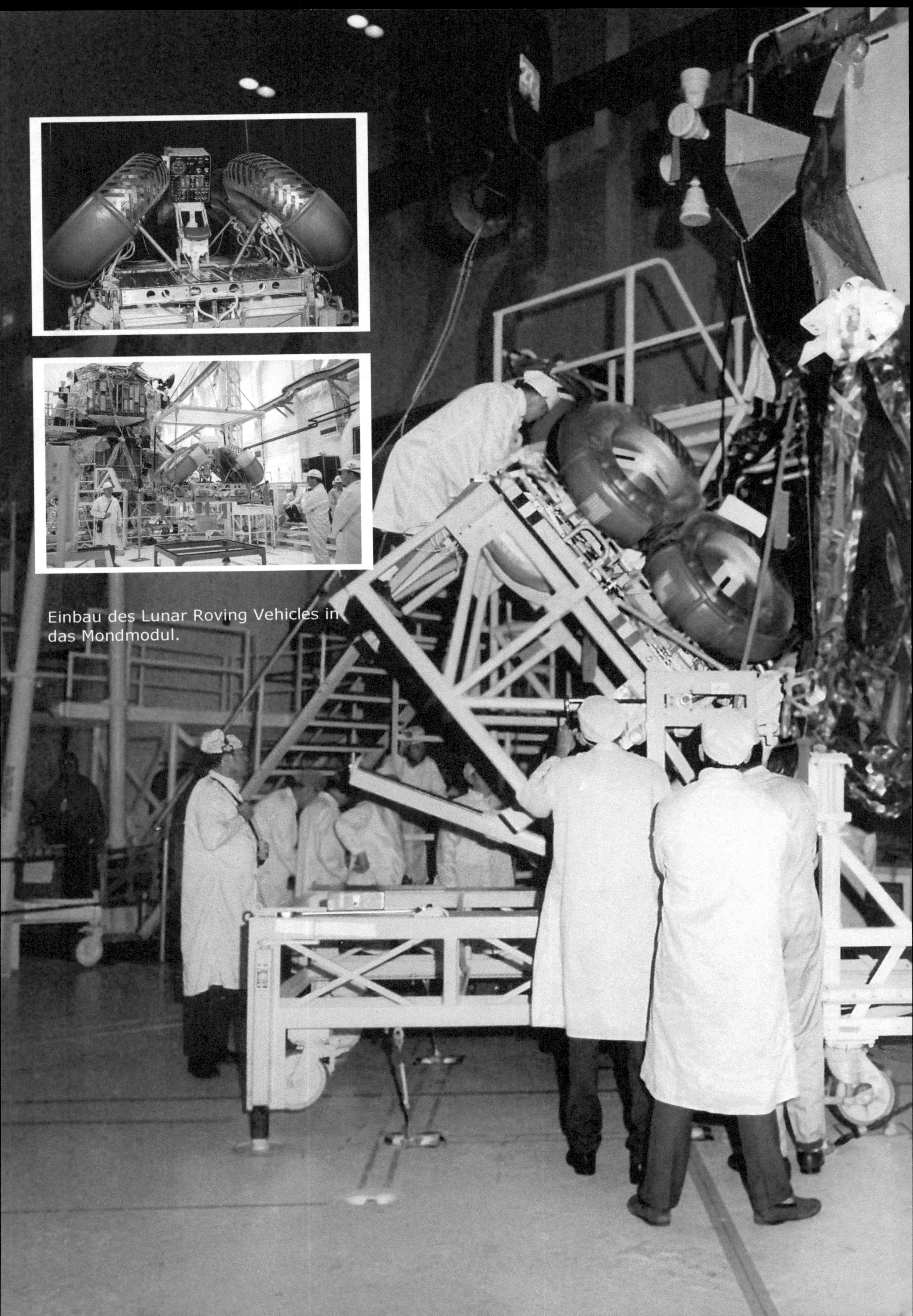

Einbau des Lunar Roving Vehicles in das Mondmodul.

Das "Lunar Roving Vehicle"

NASA/John Young

Sammeln von Mondgestein für geologische Untersuchungen

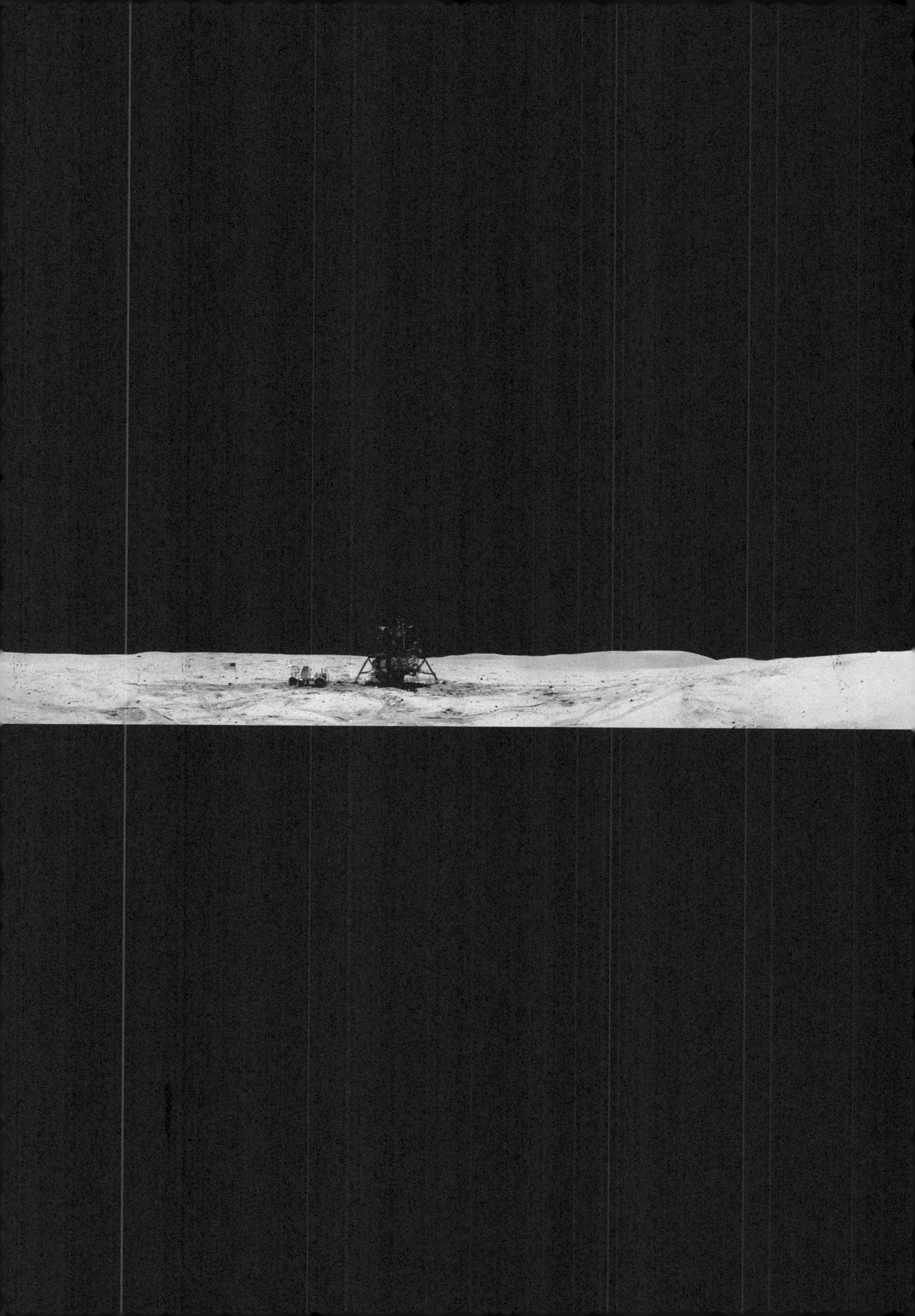

By Chares M. Duke

UNITED
STATES

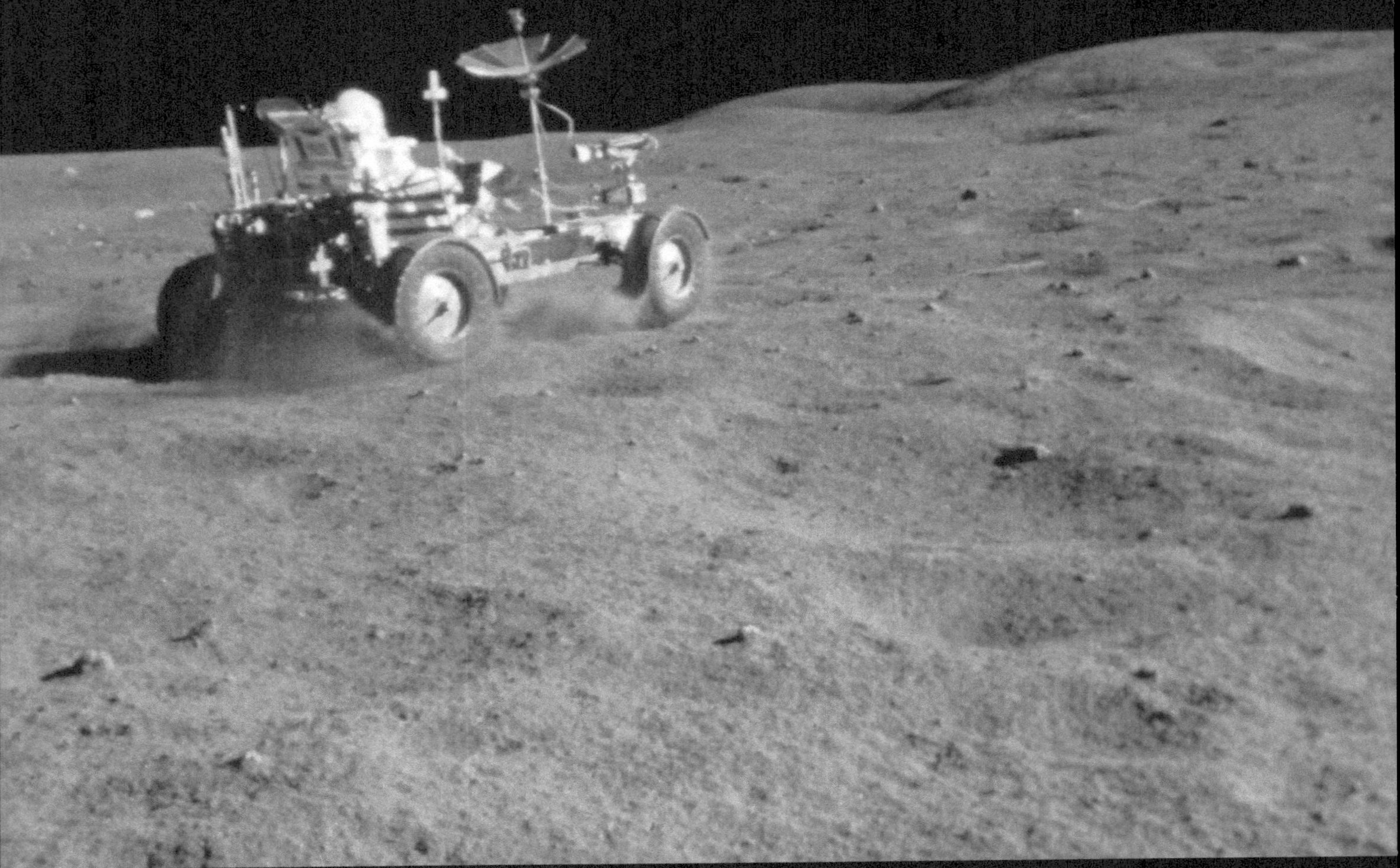

By Charles M. Duke Jr.

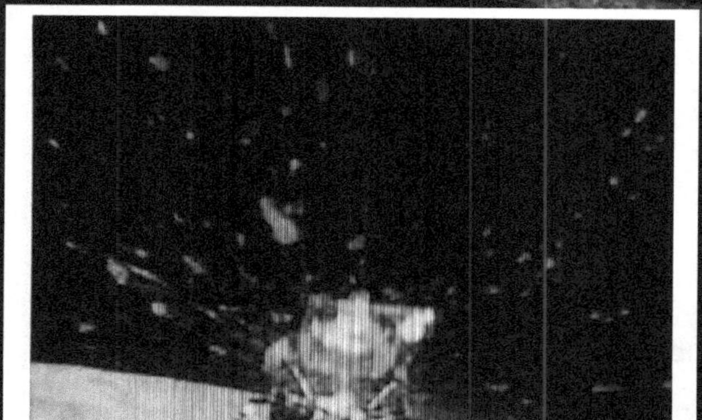

Am 27. April 1972 um 19:45 Uhr wasserte Apollo 16 im Pazifik und wurde vom Flugzeugträger USS Ticonderoga geborgen. Die Mannschaft brachte bei dieser Mission 95,8 kg Mondgestein mit auf die Erde.

Apollo 17

Apollo 17 war der elfte bemannte Raumflug des Apollo-Programms und der bisher letzte bemannte Flug zum Mond. Harrison Schmitt, Eugene Cernan und Ronald Evans gehörten zur Mannschaft.

UNITED STATES
USA
USA

Letzter Start einer bemannten Mondmission am 7. Dezember 1972 um 5:33 UTC .

By NASA Eugene Cernan

By NASA Eugene Cernan

By NASA Harrison Schmitt

By Harrison H. Schmitt

Lunar
Roving
Vehicle
Taurus-Littrow Mondlandestelle.

By NASA Eugene A. Cernan

NASA

NASA

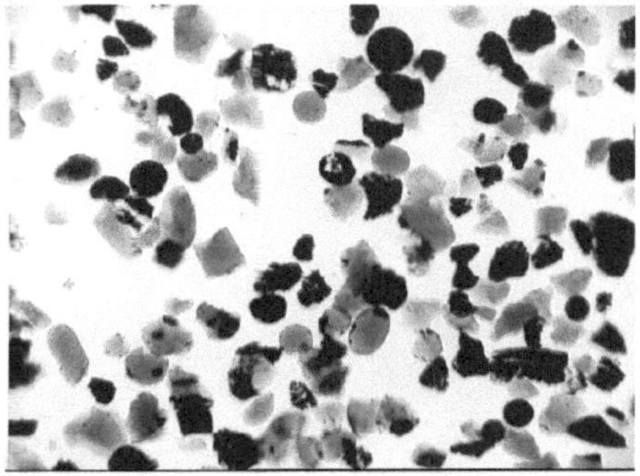

Cernan und Schmitt landeten mit der Mondfähre "Challenger" in der Nähe des sogennannten Littrow-Kraters.

Das Lunar Roving Vehicle wurde zusammengebaut und diente dem Transport. Insgesamt legten die Astronauten mit diesem Mondauto 34 Kilometer zurück.

In den 3 Tagen ihres Mondaufenthalts wurden verschiedene Krater besucht. Sie sammelten Gesteins- und Bohrkernproben, darunter auch am Krater Shorty, an dem Harrison Schmitt kugelförmige orange Partikel aus glasähnlichem Material fand.

Eine Reihe von Experimenten wurden durchgeführt.

Zum Einsatz kamen:

- Wärmefluss-Experimente,
- Gravimeter-Profilmessung,
- Gravimeter-Gangmessung,
- Meteoritenzähler,
- Systeme für bodenelektrische und -mechanische Messungen,
- Atmosphärenmesssysteme,
- insbesondere Detektoren für kosmische Strahlung und für Neutronen,
- Transponder zur Schwerefeldmessung
- und aktive Seismometer-Experimente.

Am 14. Dezember 1972 um 05:40 UT verließ Cernan als Letzter die Mondoberfläche, die bis heute kein Mensch mehr betreten hat.

Eugene A. Cernan, commander

Start und Rückflug vom Mond. Bei Zündung des Rückstoßes entsteht ein Kaleidoskopeffekt.

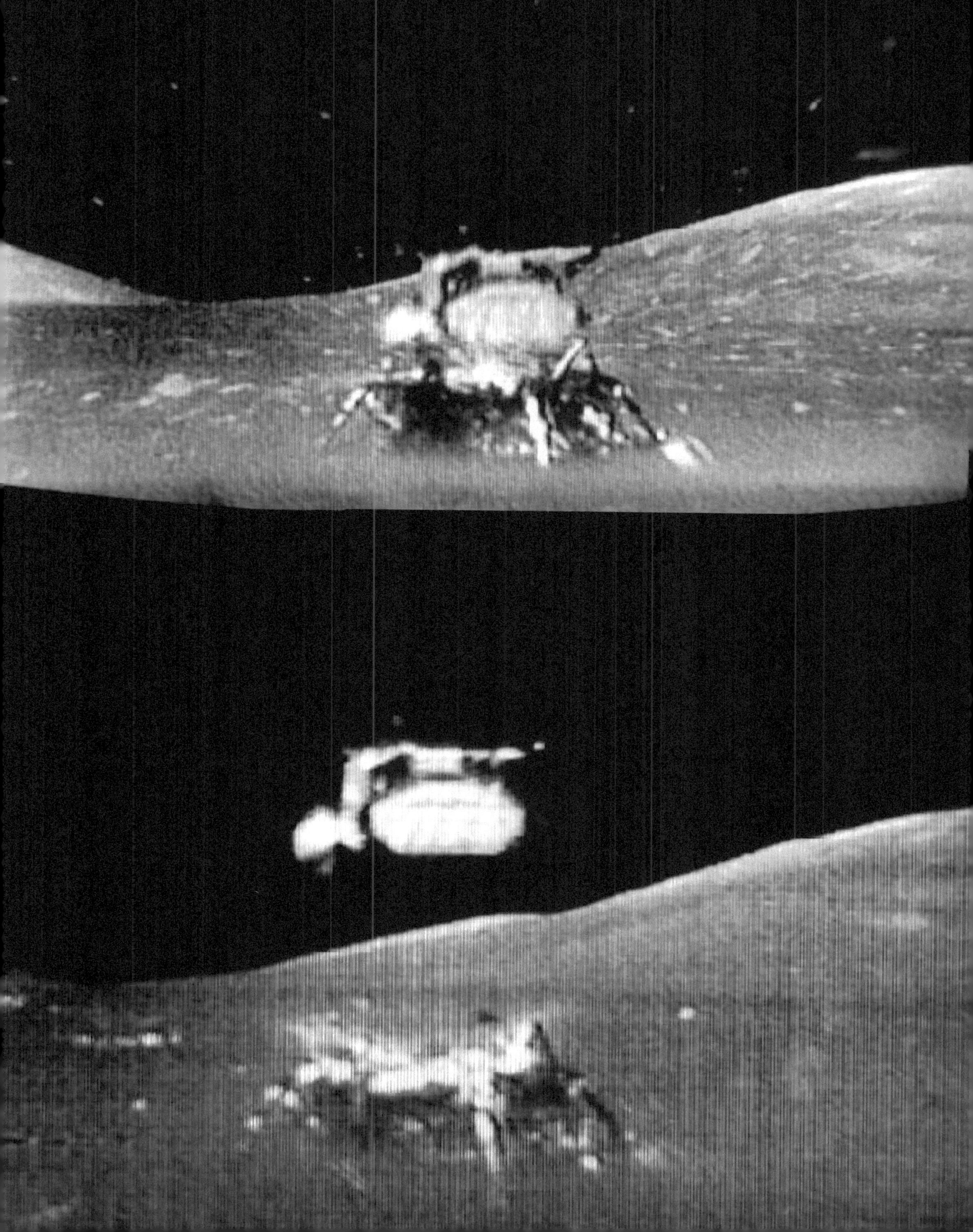

Die als Apollo 18 und 19 im Rahmen des Apollo-Programms der NASA geplanten Mondflüge wurden im September 1970 und der Apollo 20 Mondflug bereits im Januar 1970 gestrichen. Seit jener Zeit war kein Mensch mehr auf dem Mond.

Der Weg zum Mond war steinig

▇ misslungene Mission ☐ geglückte Mission

Planung	Mission	Start (UTC)	Land
Vorbeiflug am Mond	Pioneer 0 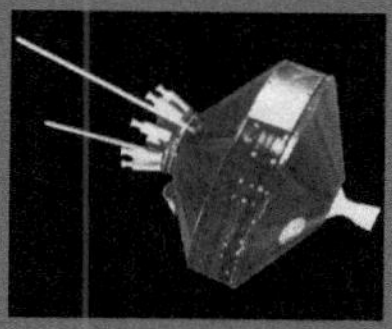	17. August 1958, 12:18	USAF/ USA
Aufschlag auf dem Mond	Lunik 1958A E-1 Nr.1	23. September 1958, 07:03:23	Sowjetunion
Vorbeiflug am Mond	Pioneer 1	11. Oktober 1958, 08:42	NASA / USA
Aufschlag auf dem Mond	Lunik 1958B E-1 Nr.2	11. Oktober 1958, 21:41:58	Sowjetunion
Vorbeiflug am Mond	Pioneer 2	8. November 1958, 07:31	NASA / USA
Aufschlag auf dem Mond	Lunik 1958C E-1 Nr.3	4. Dezember 1958, 18:18	Sowjetunion
Vorbeiflug am Mond	Pioneer 3 	6. Dezember 1958, 05:45	NASA / USA
Aufschlag auf dem Mond	Lunik 1 E-1 Nr.4	2. Januar 1959, 16:41:21	Sowjetunion
Vorbeiflug am Mond	Pioneer 4	4. März 1959, 05:11	NASA / USA
Aufschlag auf dem Mond	Lunik 1959A E-1A Nr.1	18. Juni 1959, 08:08	Sowjetunion

Landung auf dem Mond	Lunik 2 E-1A Nr.2	12. September 1959, 06:39:42	Sowjetunion
Mondorbiter	Pioneer P-1 Pioneer A 	24. September 1959	NASA / USA
Vorbeiflug am Mond	Lunik 3 E-2A Nr.1	4. Oktober 1959, 00:43:40	Sowjetunion
Mondorbiter	Pioneer P-3 Pioneer B	26. November 1959, 07:26	NASA USA
Vorbeiflug am Mond	Lunik 1960A E-3 Nr.1	15. April 1960, 15:06:44	Sowjetunion
Vorbeiflug am Mond	Lunik 1960B E-3 Nr.2	16. April 1960, 16:07:43	Sowjetunion
Eintritt in die Mondumlaufbahn	Pioneer P-30 Pioneer C	25. September 1960, 15:13	NASA / USA
Eintritt in die Mondumlaufbahn	Pioneer P-31 Pioneer D	15. Dezember 1960, 08:40	NASA / USA
Eintritt in den mondnahen Bereich	Ranger 1 	23. August 1961	NASA / USA
Eintritt in den mondnahen Bereich	Ranger 2 	18. November 1961	NASA / USA
Aufschlag und Landung auf dem Mond	Ranger 3 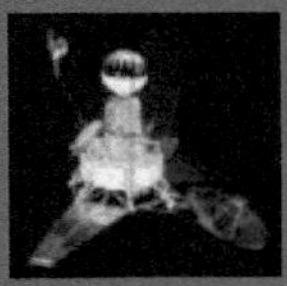	26. Januar 1962	NASA / USA

Aufschlag und Landung einer Kapsel auf dem Mond	Ranger 4	23. April 1962	NASA / USA
Aufschlag und Landung einer Kapsel auf dem Mond	Ranger 5	18. Oktober 1962	NASA / USA
Landung auf dem Mond	Sputnik 25 E-6 Nr.1	4. Januar 1963	Sowjetunion
Landung auf dem Mond	Luna 1963A E-6 Nr.2	3. Februar 1963	Sowjetunion
Landung auf dem Mond	Luna 4 E-6 Nr.3	2. April 1963, 08:04	Sowjetunion
Aufschlag auf dem Mond	Ranger 6 	30. Januar 1964	NASA / USA
Landung auf dem Mond	Luna 1964A E-6 Nr.4	21. März 1964	Sowjetunion
Landung auf dem Mond	Luna 1964B E-6 Nr.5	20. April 1964	Sowjetunion
Aufschlag auf dem Mond	Ranger 7	28. Juli 1964	NASA / USA
Aufschlag auf dem Mond	Ranger 8	17. Februar 1965	NASA / USA
Landung auf dem Mond	Kosmos 60 E-6 Nr.6	12. März 1965	Sowjetunion
Aufschlag auf dem Mond	Ranger 9	21. März 1965	NASA / USA
Landung auf dem Mond	Luna 1965A E-6 Nr.7	10. April 1965	Sowjetunion
Landung auf dem Mond	Luna 5 E-6 Nr.8	9. Mai 1965, 07:55	Sowjetunion
Landung auf dem Mond	Luna 6 E-6 Nr.9	6. Juni 1965, 07:41	Sowjetunion

Vorbeiflug	Zond 3	18. Juli 1965	Sowjetunion
Landung auf dem Mond	Luna 7 E-6 Nr.10	4. Oktober 1965	Sowjetunion
Landung auf dem Mond	Luna 8 E-6 Nr.11	3. Dezember 1965	Sowjetunion
Landung auf dem Mond	Luna 9 E-6 Nr.12	31. Januar 1966	Sowjetunion
Mondumlaufbahn	Kosmos 111 E-6S Nr.1	1. März 1966	Sowjetunion
Mondumlaufbahn	Luna 10 E-6S Nr.2	31. März 1966	Sowjetunion
Landung auf dem Mond am 2. Juni 1966	Surveyor 1 	30. Mai 1966	NASA / USA
Erforschung des Magnetfeldes von der Mondumlaufbahn aus	Explorer 33 IMP-D 	1. Juli 1966	NASA / USA
Aufenthalt im Mondorbit	Lunar Orbiter 1 	10. August 1966	NASA / USA
Aufenthalt im Mondorbit mit Experimenten und Kamerabildern	Luna 11 E-6LF Nr.1	24. August 1966	Sowjetunion
Mondlandung	Surveyor 2	20. September 1966	NASA USA
Aufenthalt im Mondorbit	Luna 12 E-6LF Nr.2	22. Oktober 1966	Sowjetunion

Aufenthalt im Mondorbit	Lunar Orbiter 2	6. November 1966	NASA / USA
Landung auf dem Mond am 24. Dezember 1966	Luna 13 E-6M Nr.1	21. Dezember 1966	Sowjetunion
Aufenthalt im Mondorbit	Lunar Orbiter 3	5. Februar 1967	NASA / USA
Landung auf dem Mond am 20. April 1967.	Surveyor 3	17. April 1967	NASA / USA
Aufenthalt in der Umlaufbahn des Mondes	Lunar Orbiter 4	4. Mai 1967	NASA / USA
Landung auf dem Mond	Surveyor 4	14. Juli 1967	NASA USA
Erforschung des Magnetfeldes in der Mondumlaufbahn	Explorer 35 IMP-E 	19. Juli 1967	NASA / USA
Aufenthalt in einer polaren, stark elliptischen Mondumlaufbahn	Lunar Orbiter 5	1. August 1967	NASA / USA
Landung auf dem Mond	Surveyor 5	8. September 1967	NASA / USA
Mondumkreisung und Rückkehr zur Erde – Test für eine bemannte Mondumkreisung	Zond 1967A 7K-L1 Nr.4L	27. September 1967, 22:11:54	Sowjetunion
Landung auf dem Mond	Surveyor 6	7. November 1967	NASA / USA
Mondumkreisung und Rückkehr zur Erde	Zond 1967B 7K-L1 Nr.5L	22. November 1967, 19:07:59	Sowjetunion
Landung auf dem Mond	Surveyor 7	7. Januar 1968	NASA / USA
Mondorbiter	Luna 1968A E-6LS Nr.1	7. Februar 1968	Sowjetunion
Test für eine bemannte Mondumkreisung	Zond 4 7K-L1 Nr.6L	2. März 1968, 18:29:23	Sowjetunion

Test des Kommunikationssystems für bemannte Mondumkreisung	Luna 14 E-6LS Nr.2	7. April 1968	Sowjetunion
Test für einen bemannten Aufenthalt in der Mondumlaufbahn	Zond 1968A 7K-L1 Nr.7L	22. April 1968, 23:01:27	Sowjetunion
Test für einen bemannten Aufenthalt in der Mondumlaufbahn	Zond 1968B 7K-L1 Nr.8L	14. Juli 1968	Sowjetunion
Test für einen bemannten Aufenthalt in der Mondumlaufbahn und Rückkehr zur Erde	Zond 5 7K-L1 Nr.9L	14. September 1968, 21:42:11	Sowjetunion
Test für einen bemannten Aufenthalt in der Mondumlaufbahn und Rückkehr zur Erde	Zond 6 7K-L1 Nr.12L	10. November 1968, 19:11:31	Sowjetunion
Bemannte Mondumkreisung und Rückkehr zur Erde	Apollo 8 	21. Dezember 1968, 12:51:00	NASA / USA
Mondumkreisung und Rückkehr zur Erde	Zond 1969A 7K-L1 Nr.13L	20. Januar 1969, 04:14:36	Sowjetunion
Erster Transport eines Mondrovers auf den Mond	Luna 1969A E-8 Nr.201	19. Februar 1969	Sowjetunion
Mondumkreisung und Rückkehr zur Erde.	7K-L1S Nr.1	21. Februar 1969	Sowjetunion
Bemannte Mondumkreisung. Test des Landemoduls im Mondorbit	Apollo 10 	18. Mai 1969, 16:49:00	NASA / USA
Rückkehr mit Mondproben	Luna 1969B E-8-5 Nr.402	14. Juni 1969	Sowjetunion
Mondumkreisung und Rückkehr zur Erde	7K-L1S Nr.2	3. Juli 1969	Sowjetunion
Rückkehr mit Mondproben	Luna 15 E-8-5 Nr.401	13. Juli 1969	Sowjetunion

Bemannte Mondlandung	Apollo 11 	16. Juli 1969, 13:32:00	NASA USA
Test für einen bemannten Aufenthalt im Mondorbit und Rückkehr zur Erde	Zond 7 7K-L1 Nr.11L	7. August 1969, 23:48:06	Sowjetunion
Rückkehr mit Mondproben	Kosmos 300 E-8-5 Nr.403	23. September 1969	Sowjetunion
Rückkehr mit Mondproben	Kosmos 305 E-8-5 Nr.404	22. Oktober 1969	Sowjetunion
Bemannte Mondlandung	Apollo 12 	14. November 1969, 16:22:00	NASA / USA
Rückkehr mit Mondproben	Luna 1970A E-8-5 Nr.405	6. Februar 1970	Sowjetunion
Bemannte Mondlandung	Apollo 13 	11. April 1970, 19:13:00	NASA / USA
Rückkehr einer unbemannten Raumsonde mit Mondproben.	Luna 16 E-8-5 Nr.406	12. September 1970	Sowjetunion
Mondumkreisung und Rückkehr zur Erde.	Zond 8 7K-L1 Nr.14L	20. Oktober 1970, 19:55:39	Sowjetunion
Mondrovereinsatz	Luna 17 – Lunochod 1 E-8 Nr.203	10. November 1970	Sowjetunion
Bemannte Mondlandung am 5. Februar 1971 in der Fra Mauro-Region.	Apollo 14	31. Januar 1971, 21:03:02	NASA / USA
Mondumkreisung und Rückkehr zur Erde.	7K-LOK Attrappe	27. Juni 1971	Sowjetunion

Bemannte Mondlandung am 31. Juli 1971 in Nähe der Hadley-Rille.	Apollo 15	26. Juli 1971, 13:34:00	NASA / USA
Rückkehr mit Mondproben	Luna 18 E-8-5 Nr.407	2. September 1971	Sowjetunion
Orbiter.	Luna 19 E-8LS Nr.202	28. September 1971	Sowjetunion
Rückkehr mit Mondproben	Luna 20 E-8-5 Nr.408	14. Februar 1972	Sowjetunion
Bemannte Mondlandung am 21. April 1972 im Descartes-Hochland	Apollo 16	16. April 1972, 17:54:00	NASA USA
Mondumkreisung und Rückkehr zur Erde	7K-LOK	23. November 1972	Sowjetunion
Bemannte Mondlandung am 11. Dezember 1972 in der Taurus-Littrow-Region. Einsatz des Mondautos	Apollo 17	7. Dezember 1972, 05:33:00	NASA / USA
Erfolgreicher Mondrover.	Luna 21–Lunochod 2 E-8 Nr.204	8. Januar 1973	Sowjetunion
Mondorbiter zur Erforschung von Radioquellen im Weltraum	Explorer 49 RAE-B 	10. Juni 1973	NASA USA
Orbiter.	Luna 22 E-8LS Nr.206	29. Mai 1974	Sowjetunion
Mondlandung und Rückkehr mit Mondproben.	Luna 23 E-8-5M Nr.410	28. Oktober 1974	Sowjetunion
Mondlandung und Rückkehr mit Mondproben.	Luna 1975A E-8-5M Nr.412	16. Oktober 1975	Sowjetunion
Rückkehr mit Mondproben.	Luna 24 E-8-5M Nr.413	9. August 1976	Sowjetunion

Der lange Weg zum Mond und zurück

Herausgeber: Dr. André Hoffmann (www.andrehoffmann.com).

Bibliografische Information der Deutschen Bibliothek
Die Deutsche Bibliothek verzeichnet diese Publikation in der Deutschen Nationalbibliografie, detaillierte bibliografische Daten sind im Internet über http://dnb.ddb.de abrufbar

ISBN 978-3-86992-148-8

1. Auflage, 2010

Alle aktuellen Informationen finden Sie im Internet unter der Adresse:
http://www.athene-media.de